DAS REICH
DER SONNE

DAS REICH DER SONNE

PLANETEN, MONDE UND KOMETEN

JOHN GRIBBIN
SIMON GOODWIN

BECHTERMÜNZ VERLAG

Originaltitel: *Empire of the Sun*
Zuerst veröffentlicht 1998 in Großbritannien
durch Constable and Company Limited

Deutsche Erstausgabe

Bearbeitung der deutschen Ausgabe:
Maasburg GmbH, München
Übersetzung: Veronika Maasburg, München
Fachredaktion: Andreas Rodoschegg, München
Gesamtherstellung: Druckerei Appl, Wemding
Printed in Germany
ISBN 3-8289-3393-9

INHALTSVERZEICHNIS

DANKSAGUNG UND BILDNACHWEIS

Herrn Jonathan Gribbin sind wir für die elektronische Bildbearbeitung sowie seine wertvolle Unterstützung bei der graphischen Gestaltung zu Dank verpflichtet.
Alle Abbildungen mit freundlicher Genehmigung der NASA, mit Ausnahme der folgenden:
S. 25, © Jeremy Maris; S. 19, R. Beebe (NMSU) und NASA; Bildtafel 3, mit frdl. Genehmigung der Konsortien SOHO/UVCS und EIT; Bildtafel 4, mit frdl. Genehmigung des Konsortiums SOHO/EIT (SOHO ist ein Projekt internationaler Zusammenarbeit zwischen ESA und NASA); Bildtafel 16, Sea WiF-Projekt, NASA; Bildtafel 49, R. Albrecht (NASA/ESA Space Telescope European Coordinating Facility) und NASA; Bildtafel 50, A. Stern (SwRI), M. Brie (Lowell Observatory), NASA und ESA.

VORBEMERKUNG DER AUTOREN

Die Entfernungen innerhalb des Sonnensystems werden in der Regel in Astronomischen Einheiten (AE) angegeben, wobei 1 AE der mittleren Entfernung Erde-Sonne entspricht, also rund 150 Millionen km. Da das Licht 499 Sekunden braucht, um diese Strecke zurückzulegen, kann man diese Entfernung auch in Lichtlaufzeit angeben: Die 150 Millionen km entsprechen also 499 Lichtsekunden bzw. 8,3 Lichtminuten. Wie es in der Fachsprache der Astronomen üblich ist, werden in diesem Buch die Begriffe „Geologie“ und „geologisch“ für die Beschreibung nicht nur der Erde, sondern auch der übrigen Planeten verwendet – z. B. die geologische Aktivität der Venus.

EINLEITUNG

Als die Raumsonde Galileo im Jahre 1997 spektakuläre Aufnahmen des Planeten Jupiter und seiner Monde zur Erde schickte, krabbelte ein winziger Untersuchungsroboter auf der Marsoberfläche herum. Die Sonde Mars Global Surveyor schwenkte in ihre Umlaufbahn um diesen Planeten ein, und gegen Ende des Jahres 1997 startete die Cassini-Sonde zum Planeten Saturn mit seinen Ringen. Diese Fülle von Aktivitäten bildete den Auftakt zur zweiten Welle der wissenschaftlichen Erforschung des Sonnensystems durch unbemannte Raumschiffe nach einer Pause von nahezu zehn Jahren, seit die Sonde Voyager 2 aus 5 Milliarden Kilometern Entfernung Bilder vom Planeten Neptun zur Erde sandte.

Die erste Phase dieser Erkundung des Sonnensystems hatte 1959 begonnen, als eine von der Sowjetunion gestartete Sonde am Mond vorbeiflog. Im selben Jahr gelangen die ersten Aufnahmen der Mondrückseite, die von der Erde aus nie zu sehen ist. Während der darauffolgenden dreißig Jahre, deren Höhepunkt der Vorüberflug von Voyager 2 an Neptun im Jahre 1989 darstellte, wurde jeder Planet im Sonnensystem (mit Ausnahme Plutos, eines ganz speziellen Himmelskörpers, der eigentlich überhaupt nicht als Planet gewertet werden sollte) von mindestens einer Raumsonde besucht. Diese gesamte Ära der Planetenerforschung veränderte zwar unser wissenschaftliches Verständnis für die Natur dieser Planeten und ihrer Monde und lieferte aufsehenerregende Bilder von den Oberflächen dieser fernen Welten, doch sollte man darin nichts weiter sehen als eine erste Erkundung. Um sie richtig einzuordnen, muß man sich vergegenwärtigen, daß wir nach dieser Erkundung Bilder von den anderen Planeten hatten, die nur wenig besser waren als die Ansicht des Mondes, die sich Galilei bot, als er im frühen 17. Jahrhundert erstmals ein Teleskop auf seine Oberfläche richtete. Die Zäsur, die danach entstand, war eher zufällig, das Resultat eines Zusammentreffens verschiedener Faktoren: die sich verändernde politische Lage mit dem Zerfall der Sowjetunion; Wirtschaftsfaktoren; eine Verlagerung des Schwerpunkts von der „reinen" Wissenschaft zur Erlangung eines besseren Verständnisses der Planeten, um damit Probleme wie die globale Erwärmung auf der Erde besser lösen zu können; und – nicht zuletzt – die *Challenger*-Katastrophe, die den Start der Raumsonde Galileo um Jahre verzögerte und dazu führte, daß viele Aspekte des amerikanischen Raumfahrtprogramms neu überdacht wurden. Doch seit die zweite Welle der Erforschung des Sonnensystems begonnen hat, erweisen sich die Daten und Aufnahmen der früheren Sonden noch einmal als nützlich, weil sie eine Reihe von Maßstäben setzen, mit denen die neuen Beobachtungen verglichen werden können. Wie könnten wir feststellen, daß sich einige der Jupitermonde seit den achtziger Jahren verändert haben, wenn die Voyager-Sonden nicht in den achtziger Jahren dort gewesen wären? Und dank der enormen Verbesserungen der Computerleistung und Bildverarbeitungsverfahren im

(Linke Seite) Menschen wagten sich bisher noch nicht weiter in das Weltall hinaus als bis zum Mond, unserem allernächsten Nachbarn. Dieses Foto zeigt einen Astronauten der Apollo 17 auf dem Mondfahrzeug (Lunar Roving Vehicle) am Taurus-Littrow-Gebirge.

letzten Jahrzehnt (und schon gar seit 1959) wurden einige der alten Aufnahmen neu aufbereitet und ergaben dadurch sowohl bessere wissenschaftliche Daten als auch noch beträchtlich gesteigerte Sinnenfreude beim Betrachten.

Mit diesem Buch haben wir vor, ungeniert der Augenfreude den höchsten Stellenwert einzuräumen, und bieten Ihnen daher eine Auswahl der schönsten Ansichten unseres Sonnensystems, die je enthüllt wurden. Wir bringen darin einige Bilder aus der ersten Welle der Planetenerkundung (jedoch in der Regel in neuer, digital verfeinerter Schönheit), viele Aufnahmen aus der neuen Welle der Planetensonden, und einige von unserem alten Freund, dem Hubble-Weltraum-Teleskop (HST), das die besten Bilder liefert, die aus einer Erdumlaufbahn von den anderen Mitgliedern des Sonnensystems gemacht werden können. Natürlich wird es in der Zukunft noch mehr und noch sensationellere Aufnahmen geben – von den Raumsonden, die Mars genauer erforschen sollen, von Cassini und von anderen Missionen, die noch nicht einmal das Planungsstadium erreicht, geschweige denn hinter sich gebracht haben. Aber das soll uns nicht daran hindern, jetzt und heute eine Bestandsaufnahme der unglaublichen Vielfalt von Himmelskörpern in unserer unmittelbaren kosmischen Nachbarschaft vorzunehmen. Sie alle haben nur eins gemeinsam: ihre Zugehörigkeit zum Sonnensystem. Sie alle werden darin von der Anziehungskraft der Sonne festgehalten, die mächtiger über all ihre Untertanen herrscht als je ein Herrscher der Geschichte über die seinen. Das Reich der Sonne erstreckt sich von der Sonne selbst bis weit über die Umlaufbahn von Pluto hinaus, buchstäblich über die halbe Entfernung zu den nächsten Fixsternen, wo eine Wolke von gefrorenen, eisigen Gebilden – die Kometen – von der Sonne an Ort und Stelle festgehalten wird. Jede bisher bekannte Art von Objekten im Sonnensystem ist in diesem Buch mit Aufnahmen vertreten, angefangen von der Sonne selbst bis zu diesen Kometen, von den Planeten bis zu den Monden und einschließlich der Brocken von kosmischem Schutt, die wir unter der Bezeichnung Asteroiden kennen.

Es ist zwar in erster Linie unsere Absicht, Sie mit diesen atemberaubenden Bildern zu unterhalten und mit Ihnen das Entzücken über die Wunder, die sie enthüllen, zu teilen, doch wollen wir deswegen den wissenschaftlichen Aspekt der Geschichte nicht ganz vernachlässigen. Wenn in der Wissenschaft neue Entdeckungen gemacht werden, entweder durch Beobachtung oder als Ergebnis neuer Experimente, haben die jeweiligen Beobachter oder diejenigen, die die Experimente durchführen, in aller Regel gemischte Gefühle im Hinblick auf das, was dabei herauskommen soll. Einerseits wäre es ganz nett, wenn die uns lieb gewordenen Vorstellungen vom Universum durch die neuen Beobachtungen und Experimente bestätigt würden. Andererseits wäre es ja auch aufregend, etwas Neues und Unerwartetes zu entdecken, das dann zur Grundlage für ein besseres Verständnis des Universums – oder wenigstens eines kleinen Winkels in diesem Universum – werden könnte. Die Entdeckungen, die in den letzten Jahrzehnten auf dem Gebiet unseres Sonnensystems – im Reich der Sonne – gemacht wurden, finden unter beiden Gesichtspunkten Gefallen. Die Details waren verblüffend und überraschend. Niemand konnte sich zunächst vorstellen, daß die Jupitermonde untereinander so verschieden oder daß einige von ihnen geologisch so aktiv sein könnten. Es gibt sogar derzeit ausbrechende Vulkane auf Io, einem dieser Monde – die ersten Vulkane außerhalb der Erde, deren

(Rechte Seite) Von einer erdnahen Umlaufbahn aus ist deutlich erkennbar, wie dünn die sich unscharf abzeichnende blaue Schicht der Atmosphäre, die Leben auf der Erde ermöglicht, tatsächlich ist.

USA

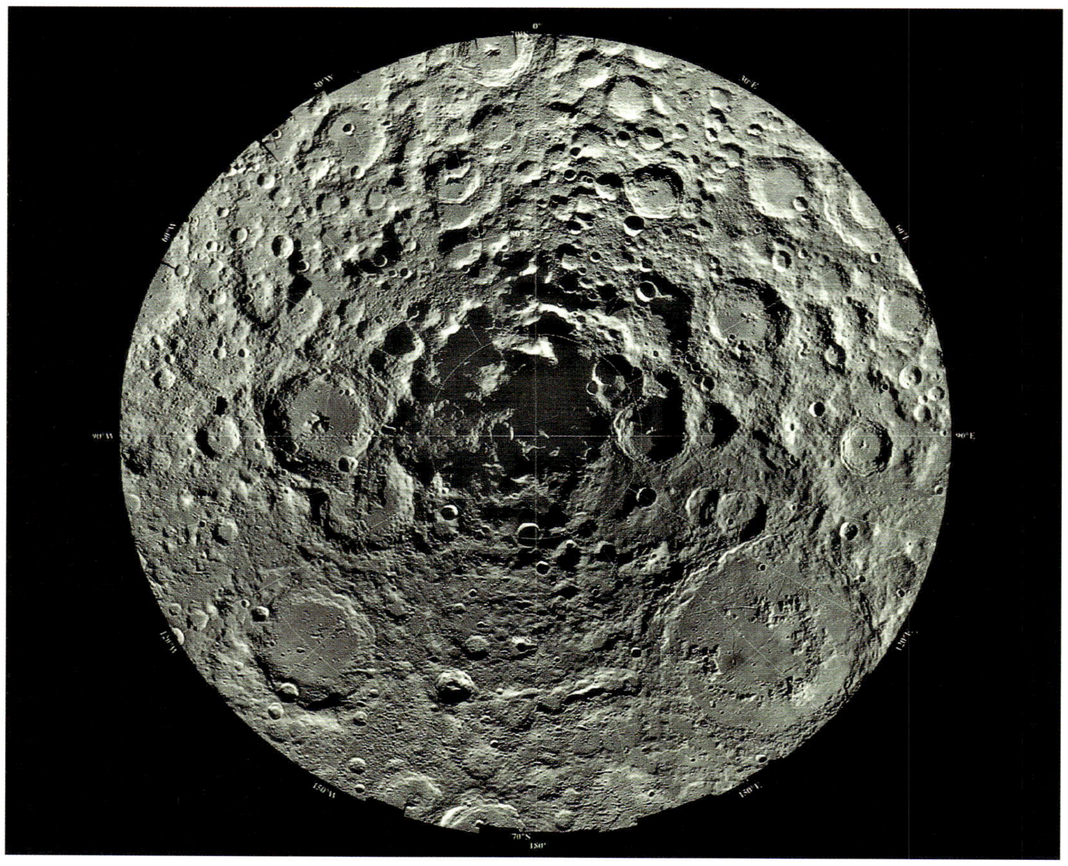

Südpol des Mondes, abgebildet als Mosaik aus Bildern der Raumsonde Clementine.

Ausbrüche wir sehen können. Die Details der neuen Entdeckungen zu erklären – also zu ergründen, was auf ein neues Sonnensystem hinausläuft – wird viele Astronomen mindestens eine weitere Generation lang beschäftigen.

Das Gesamtbild, das die Erforschung des Sonnensystems enthüllt hat, bestätigt und erhärtet jedoch gleichzeitig unsere Vorstellung davon, was das Sonnensystem ist und wie es entstand. In unserem Buch *Der Ursprung des Universums* berührten wir dieses Thema im Zusammenhang mit der kosmologischen Erklärung dafür, wie und woraus sich das Universum mit den Sternen und Galaxien darin entwickelt hat. Es ist eine sensationelle Leistung des menschlichen Intellekts, mit Gewißheit sagen zu können, daß das Universum zu einem bestimmten Zeitpunkt entstand und daß dieser etwa 13 bis 15 Milliarden Jahre zurückliegt. Kaum weniger sensationell ist aber nach allen gängigen Maßstäben, sagen zu können, daß das Sonnensystem (zu dem auch unsere Erde gehört) ebenso zu einer bestimmten Zeit entstand und daß dies vor etwa 4,5 Milliarden Jahren geschah. Damit die Bilder, die Sie sich nun gleich ansehen werden, in ihren Zusammenhang eingeordnet werden können, möchten wir diese komplett neue Sichtweise, wie das Sonnensystem sich herausgebildet hat, etwas genauer erklären. Diese neue Sichtweise wurde weitgehend bestätigt durch das, was die Raumsonden fanden. Danach können wir Ihnen zumindest eine Ahnung von den Geheimnissen

Der krasse Unterschied zwischen Mars und Erde springt sofort ins Auge, wenn man dieses von der Sonde Viking Orbiter aufgenommene Bild mit der blauen Erde auf Bildtafel 14 vergleicht. Ein feiner Dunstschleier aus Kohlendioxidkristallen ist gerade noch in der Atmosphäre zu erkennen.

vermitteln, die noch zu ergründen bleiben, wenn wir die einzelnen Planeten und Monde behandeln.

Die Sonne selbst ist ein Stern – und ein recht gewöhnlicher noch dazu. Sie entstand, als eine Gas-und-Staub-Wolke in sich zusammenfiel, was vermutlich dadurch ausgelöst wurde, daß ein Nachbarstern in einer Supernova sein Ende fand. Diese in sich zusammenfallende Wolke war fast sicher (wie wir aus den Wolken schließen können, die heute in der Milchstraße auf diese Weise in sich zusammenfallen) groß genug, um Dutzende oder sogar Hunderte von Sternen wie unsere Sonne hervorzubringen. In den paar Milliarden Jahren, die seither vergangen sind, gingen diese Sterne getrennte Wege und verloren sich zwischen den hundert Milliarden Sternen der Milchstraße, der Galaxis, in der wir leben. Die Wolke bestand hauptsächlich aus gasförmigem Wasserstoff und Helium, Überresten des Urknalls, also aus der Geburtsphase des Universums. Jedoch – und das war von entscheidender Bedeutung – waren in der Zeit seit dem Urknall mehrere frühere Generationen von Sternen bereits am Ende ihrer Lebenszeit angelangt und hatten den interstellaren Raum mit den Trümmern durchzogen, die sie in ihrem Todeskampf von sich geschleudert hatten. Die Kernreaktionen, die die Energie für das Leuchten der Zentralsterne während ihrer gesamten Lebenszeit liefern, bewerkstelligen das dadurch, daß sie Wasserstoffkerne miteinander verschmelzen, so daß mehr Helium entsteht, und danach Heliumkerne miteinander verschmelzen, wobei andere Elemente entstehen wie Kohlenstoff, Stickstoff und Sauerstoff. Wiederum andere Elemente, wie zum Beispiel Uran und Blei, werden bei Supernova-Explosionen gebildet. Jedes Element auf der Erde – außer den Urelementen Wasserstoff und Helium – ist

Die Sonne, Herrscherin im Sonnensystem, hier auf einer Ultraviolett-Aufnahme, die während der Skylab-Missionen von einer Umlaufbahn um die Erde aus aufgenommen wurde.

innerhalb eines Sterns entstanden und hat sich auf die eben beschriebene Weise im Weltraum verteilt. Die Sonne ist nur deshalb von einer Planetenfamilie – einschließlich der Erde – umgeben, weil sie erst relativ spät auf der Bühne des Kosmos aufgetaucht ist.

Die Sonne ist eine Kugel aus heißem Gas (genauer: eine Plasmakugel), die etwa 330000mal mehr Masse enthält als die Erde. Ihr Durchmesser entspricht etwa dem

Schwefelsäurewolken der Venus, im ultravioletten Licht aufgenommen von der Sonde Venus Orbiter.

109fachen Erddurchmesser. Ihre Masse besteht zu 71 Prozent aus Wasserstoff, zu 26 Prozent aus Helium und der Rest aus schwereren Elementen. Die Sonne allein macht 99,86 Prozent der Gesamtmasse des Sonnensystems aus, und alles übrige – alle Planeten, Monde und kosmischer Schutt – zusammengenommen die verbleibenden 0,14 Prozent, und davon sind zwei Drittel in einem einzigen Planeten, nämlich Jupiter, enthalten.

All dies nach innen drückende Gewicht bewirkt, daß die Dichte im innersten Bereich der Sonne zwölfmal höher ist als die von festem Blei (160mal höher als die Dichte von Wasser), und die Temperatur beträgt rund 15 Millionen Grad (auf der absoluten oder Kelvin-Skala, bei der der Gefrierpunkt des Wassers bei 273 K liegt; für alle praktischen Zwecke kann man sich die Temperatur im Sonneninneren bei 15 Millionen Grad Celsius vorstellen). Bei diesen extremen Bedingungen verhält sich der Sonnenkern, obwohl er so dicht ist, wie ein vollkommen flüssiges Gas. Im Sonnenkern wird durch den Kernverschmelzungsprozeß, der Wasserstoffkerne in Heliumkerne umwandelt, Energie freigesetzt. Jedesmal, wenn ein Heliumkern entsteht, wird dabei ein wenig Masse in Energie umgewandelt nach der berühmten Formel von Albert Einstein $E = mc^2$. Damit die Sonne ihrem eigenen Gewicht standhalten und ständig scheinen kann, werden pro Sekunde etwa 5 Millionen Tonnen Materie in reine Energie (letztendlich in Sonnenlicht) umgewandelt. Dadurch, daß die Sonne Brennstoff in derart atemberaubendem Tempo verbrennt, hat sie im Laufe ihrer bisher 4,6 Milliarden Jahre dauernden Lebenszeit rund 4 Prozent ihres Brennstoffvorrats verbraucht. Diese Energie erscheint als Lichtstrahlung von der sichtbaren Sonnenoberfläche, wo eine Temperatur von etwa 6000 K herrscht. Wie wir noch sehen werden, erstreckt sich die Sonne jedoch über die sichtbare Oberfläche hinaus, und zwar in Form dünner Teilchenstrahlen, die in das Weltall hinausreichen, ja sogar bis über die Erdumlaufbahn hinaus.

Die Planeten lassen sich klar in zwei Vierergruppen, von denen jede Planeten mit ähnlichen Eigenschaften umfaßt, und verschiedene Arten kosmischen Abfalls unter-

Die Raumsonde Mars Global Surveyor sandte dieses detaillierte Bild von einem Ausschnitt der Marsoberfläche zur Erde, kurz nachdem sie im September 1997 in eine Umlaufbahn um den roten Planeten eingeschwenkt war. Zu sehen ist darauf ein Teil des als Nirgal Vallis bezeichneten Gebietes. Da es Probleme mit der Bahnkorrektur gab, wird die Raumsonde erst im März 1999 mit der eigentlichen Kartographierung beginnen und Bilder mit zehnmal besserer Auflösung liefern.

scheiden. Ein neuntes Objekt, Pluto, wird aus historischen Gründen meist als Planet bezeichnet. Tatsächlich ist Pluto aber ein großer Brocken kosmischen Abfalls und ähnelt eher einem Kometen als irgendeinem anderen Himmelskörpertyp. Wir folgen der geschichtlichen Tradition und bezeichnen Pluto mit der ehrenvollen Bezeichnung „Planet“, ohne ihn jedoch in die Gesamtbeschreibung, wie die echten Planeten entstanden sind, einzubeziehen.

Die beiden Planetengruppen, deren Ursprung erklärt werden soll, sind einerseits die vier kleinen, felsige Oberflächen besitzenden sog. terrestrischen (erdähnlichen) Planeten, die in geringem Abstand um die Sonne kreisen, und die vier großen jupiterähnlichen sog. Riesenplaneten, die aus gasförmiger Materie bestehen und auf sonnenferneren Bahnen umlaufen.

Merkur ist der innerste, sonnennächste Planet. Sein mittlerer Abstand von der Sonne beträgt 0,39 AE, und er braucht für einen Umlauf um die Sonne 87,97 Tage. Wenn Merkur genau zwischen uns und der Sonne steht, mißt sein Abstand zur Erde lediglich 0,61 AE; wenn er sich auf dem gegenüberliegenden Bahnpunkt, also jenseits der Sonne, befindet, ist er 1,39 AE entfernt (kann aber natürlich von der Erde aus nicht gesehen werden, weil die Sonne im Weg steht). Er hat keine Atmosphäre, einen Durch-

(Linke Seite) Die besten Ansichten des Planeten Mars von einer Erdumlaufbahn aus liefert das Hubble-Weltraum-Teleskop. Diese Aufnahme kam am 25. Februar 1995 zustande, als der Mars 103 Millionen Kilometer von der Erde entfernt war.

messer von 4 880 km (also eine Größe, die ihn zwischen dem Mond und Mars einreiht) und eine Masse, die nur ein Zwanzigstel der Erdmasse ausmacht.

Venus ist der nächste Planet in der Reihenfolge von der Sonne weg. Sie kommt näher an die Erde heran als jeder andere Planet. Für einen Umlauf um die Sonne braucht sie 225 Tage; ihr mittlerer Abstand zur Sonne beträgt 0,72 AE, so daß sie am erdnächsten Punkt ihrer Bahn bis auf 0,28 AE an die Erde herankommt. Sie hat eine sehr dichte Atmosphäre (überwiegend Kohlendioxid), einen Durchmesser von 12 104 km und eine Masse, die 82 Prozent der Erdmasse beträgt.

Die Erde selbst ist ein Planet mit felsiger Oberfläche, einer dünnen Atmosphäre und den derzeit einzigen Ozeanen aus flüssigem Wasser auf allen Planeten im Sonnensystem. Ihr mittlerer Abstand zur Sonne entspricht der Astronomischen Einheit, beträgt also 1 AE. Für einen Umlauf um die Sonne braucht sie ein Jahr (365,26 Tage). Sie hat einen Durchmesser von 12 756 km und eine Masse von nicht ganz 6000 Milliarden Tonnen. Bemerkenswert ist ihr – im Verhältnis zum Mutterplaneten – relativ großer Mond. Er hat einen Durchmesser von 3 476 km, seine Masse entspricht 1,2 Prozent der Erdmasse. Nach der gängigsten Theorie entstand er vor langer Zeit, als das Sonnensystem noch jung war und ein Objekt, das mindestens so groß gewesen sein muß wie Mars, mit der Erde kollidierte. Der Zusammenstoß erzeugte eine derartige Hitze, daß die gesamte Erdkruste schmolz und große Batzen glühflüssigen Gesteins in das Weltall hinausgeschleudert wurden, wo sie sich miteinander vereinigten und den Mond bildeten. Dieses Modell für die Entstehung des Mondes erklärt, warum seine Zusammensetzung fast genau der Zusammensetzung der Oberflächengesteine auf der Erde entspricht und warum er kaum Wasser aufweist, denn dieses verdampfte durch die Hitze des Aufpralls (man vermutet, daß das Wasser auf der Erde aus dem Erdinneren stammt und von Vulkanen über geologische Zeiträume hinweg freigesetzt wurde). Der gesamte Kollisionsablauf kann sehr genau mit Computersimulationen nachvollzogen werden.

Diesen Anblick bot Jupiter der Raumsonde Voyager 1, als diese sich Anfang 1979 dem Riesenplaneten näherte. Sein Mond Io ist knapp unterhalb der Bildmitte rechts zu erkennen.

Saturn, wie er vom Hubble-Weltraum-Teleskop aus im September 1990 aussah. Obwohl damals der Fehler in der Optik des HST noch nicht behoben war, erhielt man dieses aufschlußreiche Bild, indem man drei von der Wide Field and Planetary Camera getrennt aufgenommene Bilder zusammensetzte und das Ergebnis mit Computern nachbearbeitete, um mehr Einzelheiten herauszuholen.

Der letzte der erdähnlichen Planeten ist Mars. Er umrundet die Sonne in 686,98 Tagen in einer Entfernung von 1,38 bis 1,67 AE. Er hat eine sehr dünne Atmosphäre aus Kohlendioxid, einen Durchmesser von 6 795 km und eine Masse, die knapp über einem Zehntel der Erdmasse liegt (oder knapp das Zehnfache der Mondmasse beträgt).

Jenseits der Marsbahn gibt es in einer Entfernung von etwa 1,7 bis 4 AE von der Sonne einen Bereich, in dem zahlreiche kosmische Schuttbrocken die Sonne in Ringform umkreisen, etwa so wie die Saturnringe, aber in wesentlich stärkerem Ausmaß. Die Rotationsperioden dieser Objekte, der Asteroiden, liegen zwischen drei und sechs Jahren. Man schätzt, daß es in diesem Ring über eine Million solcher Objekte gibt, die mindestens 1 km Durchmesser haben, und darüber hinaus noch viele kleinere. Asteroiden, deren Bahnen genau ermittelt wurden, werden mit einer Zahl bezeichnet, und viele von ihnen haben auch Namen. Der größte unter den Asteroiden, die manchmal auch als Kleinplaneten (Planetoiden) bezeichnet werden, ist Ceres mit einem Durchmesser von 933 km; aber nur zehn Asteroiden (einschließlich Ceres) sind größer als 250 km im Durchmesser. Die Asteroiden sind Überreste mißglückter Planeten, die im Frühstadium des Sonnensystems daran gehindert wurden, sich zu vereinigen und einen Planeten zu bilden, dafür aber durch die Anziehungskraft Jupiters, die ihre Bahnen störte, aufeinanderprallten. Doch der Großteil der ursprünglich im Asteroidengürtel vorhandenen Masse ging verloren, weil Objekte durch die Gravitation des Riesenplaneten Jupiter hinausgeschleudert wurden, wobei sie entweder in Bahnen abgelenkt wurden, die zu ihrer Kollision mit anderen Planeten führte (wie bei dem Zusammenstoß, bei dem unser Mond entstand), oder sogar das Sonnensystem ganz verließen. Die Gesamtmasse aller Asteroiden in diesem Gürtel macht etwa 15 Prozent der Mondmasse aus.

Jupiter selbst, der erste und größte der Gasriesen, befindet sich jenseits des Asteroidengürtels in einer Entfernung von 5,2 AE von der Sonne. Für einen Umlauf um die Sonne braucht er 11,86 Jahre. Sein Durchmesser ist elfmal größer als der Erddurchmesser. Seine Masse entspricht 0,1 Prozent der Sonnenmasse, und das ist mehr als das Doppelte der Masse aller übrigen Planeten, Monde und Materiebrocken im Sonnensystem zusammengenommen. Jupiter hat sein eigenes Mini-Reich, eine Familie von mindestens 16 Monden (und es kann gut sein, daß weitere kleine Monde noch auf ihre Entdeckung warten) und ein schwach ausgeprägtes Ringsystem. Anders als bei den erdähnlichen Planeten (aber ähnlich wie die anderen Gasriesen) besteht Jupiter hauptsächlich aus gasförmigem Wasserstoff und Helium. Er ist eher ein verhinderter Stern als ein Planet wie beispielsweise unsere Erde.

Saturn umkreist die Sonne in einer Entfernung von minimal 9 und maximal 10 AE und braucht 29,46 Jahre für einen Umlauf. Sein Durchmesser am Äquator ist 9,4mal so groß wie der Erddurchmesser, seine Masse 95mal so groß wie die Erdmasse. Wie Jupiter begleitet auch ihn eine Familie von Monden; er hat auch ein ausgeprägtes Ringsystem, das zu den eindrucksvollsten optischen Genüssen zählt, die ein Streifzug durch das Sonnensystem zu bieten hat.

Uranus, der siebente Planet in der Reihenfolge zum äußeren Rand des Sonnensystems hin, umrundet die Sonne auf einer Bahn mit einem Abstand von mindestens 18,3 AE und maximal 20,1 AE und braucht 84 Jahre für einen Umlauf. Sein Durchmesser liegt knapp über dem Vierfachen des Erddurchmessers (ist also für einen Gasriesen eher gering), seine Masse ist 14,5mal größer als die Erdmasse.

Neptun, der sonnenfernste echte Planet, braucht für eine komplette Umrundung der Sonne in einer Entfernung von 30,06 AE ganze 164,79 Jahre. Da er erst 1846 entdeckt wurde, hatten die Astronomen bisher noch gar nicht die Gelegenheit, einen kompletten Umlauf Neptuns um die Sonne zu beobachten; zweifellos werden sie aber einen Weg finden, den Anlaß gebührend zu feiern, wenn im Jahre 2011 die erste beobachtete Umrundung der Sonne zu Ende geht. Mit einem Durchmesser, der 3,8mal größer ist als der Erddurchmesser, und einer im Vergleich zur Erde 17,2mal größeren Masse ist Neptun dem Planeten Uranus sehr ähnlich. Sowohl Uranus als auch Neptun werden von einer großen Mondfamilie begleitet.

Pluto, der im Jahre 1930 entdeckt wurde, ist ein planetarischer Wanderer mit stark exzentrischer Bahn, deren Abstand zur Sonne im Perihel 30 AE (das ist weniger als der Sonnenabstand Neptuns) und im Aphel 50 AE mißt. Das Sonnenlicht braucht ganze sieben Stunden, um ihn im Aphel zu erreichen. Pluto hat eine Masse von lediglich 0,3 Prozent der Erdmasse (das ist etwa das Doppelte der Masse unseres Mondes) und einen Mond, Charon, der mehr als halb so groß ist wie Pluto und diesen in einer Entfernung von nur 19 400 km umkreist (zum Vergleich: Der Mond kreist in einem Abstand von 384 400 km um die Erde). Pluto und Charon sind vermutlich beide vereiste Abfallbrocken, wie sie für einen Schwarm kosmischer Eisbergstücke typisch sind, die einen Bereich des Weltalls jenseits der Neptunbahn bevölkern. Dieser Ring eisbergähnlicher Superkometen wird als Kuiper-Gürtel bezeichnet.

Weit außerhalb des Kuiper-Gürtels liegt die Oortsche Wolke, eine kugelförmige Schale aus kometenartigen Eisbergen, die das Sonnensystem in einem Abstand von der Sonne zwischen 50 000 und 100 000 AE umgibt. Das ist so weit draußen, daß das Licht von der Sonne eineinhalb Jahre für seine Reise bis zur Oortschen Wolke braucht. Aber sogar noch am äußersten Rand des Sonnenreichs werden die Kometen von deren Anziehungskraft auf ihrer Umlaufbahn um die Sonne festgehalten. Die Wolke könnte bis zu 100 Milliarden Kometen enthalten, von denen jeder einzelne ein Eisbrocken ist, der langsam auf einer langen Bahn die Sonne umrundet. Von Zeit zu Zeit löst irgend etwas (vielleicht der Zusammenstoß einiger Brocken) ein paar dieser Kometen aus ihrer Bahn und bewirkt, daß sie nach innen zur Sonne fallen auf Bahnen, auf denen sie Millionen Jahre brauchen, um in unseren Bereich des Sonnensystems zu gelangen.

Wenn sie dort ankommen, führt die Sonnenhitze dazu, daß Gas von dem Kometen entweicht, wodurch sich häufig ein spektakulärer Schweif aus dünner Materie bildet,

Kosmischer Schutt. Drei Asteroiden, die von der Raumsonde Galileo getrennt aufgenommen wurden, sind in dieser Fotomontage der NASA auf einem Bild vereinigt.

der im reflektierten Sonnenlicht aufleuchtet, wenn der Komet um die Sonne herumzieht und dann wieder in die Tiefen des Weltalls zurückfliegt. Manchmal gerät ein Komet in den Anziehungsbereich Jupiters und wird – wie der berühmte Halleysche Komet – in eine Bahn abgelenkt, die ihn alle paar Jahrzehnte im inneren Sonnensystem wiederauftauchen läßt. Der aufsehenerregende Besuch des Kometen Hale-Bopp im inneren Sonnensystem im Jahre 1997 rief uns allen die Schönheit dieser Himmelsobjekte in Erinnerung; gemeinsam mit dem Absturz von Shoemaker-Levy 9 auf den Planeten Jupiter erinnerte uns Hale-Bopp auch daran, daß unsere Erde im Laufe ihrer langen Geschichte gelegentlich von Besuchern aus dem All getroffen wurde, was schreckliche Verwüstungen anrichtete. Man ist sich fast sicher, daß das langsame Aussterben der Dinosaurier vor 65 Millionen Jahren durch ein solches Ereignis stark beschleunigt und zum Abschluß gebracht wurde.

Aber wie kamen die Planeten und Kometen (und der Rest des kosmischen Mülls) im Sonnensystem überhaupt zustande? Um dies zu erklären, müssen wir zurückgehen bis in die Geburtsstunde des Sonnensystems als einem abgegrenzten Bereich einer größeren, in sich zusammenfallenden Wolke aus Gas und Staub, die durch die Druckwelle einer in der Nähe explodierenden Supernova zusammengepreßt wurde und in sich zusammenfiel. Das war vor etwa 5,5 Milliarden Jahren.

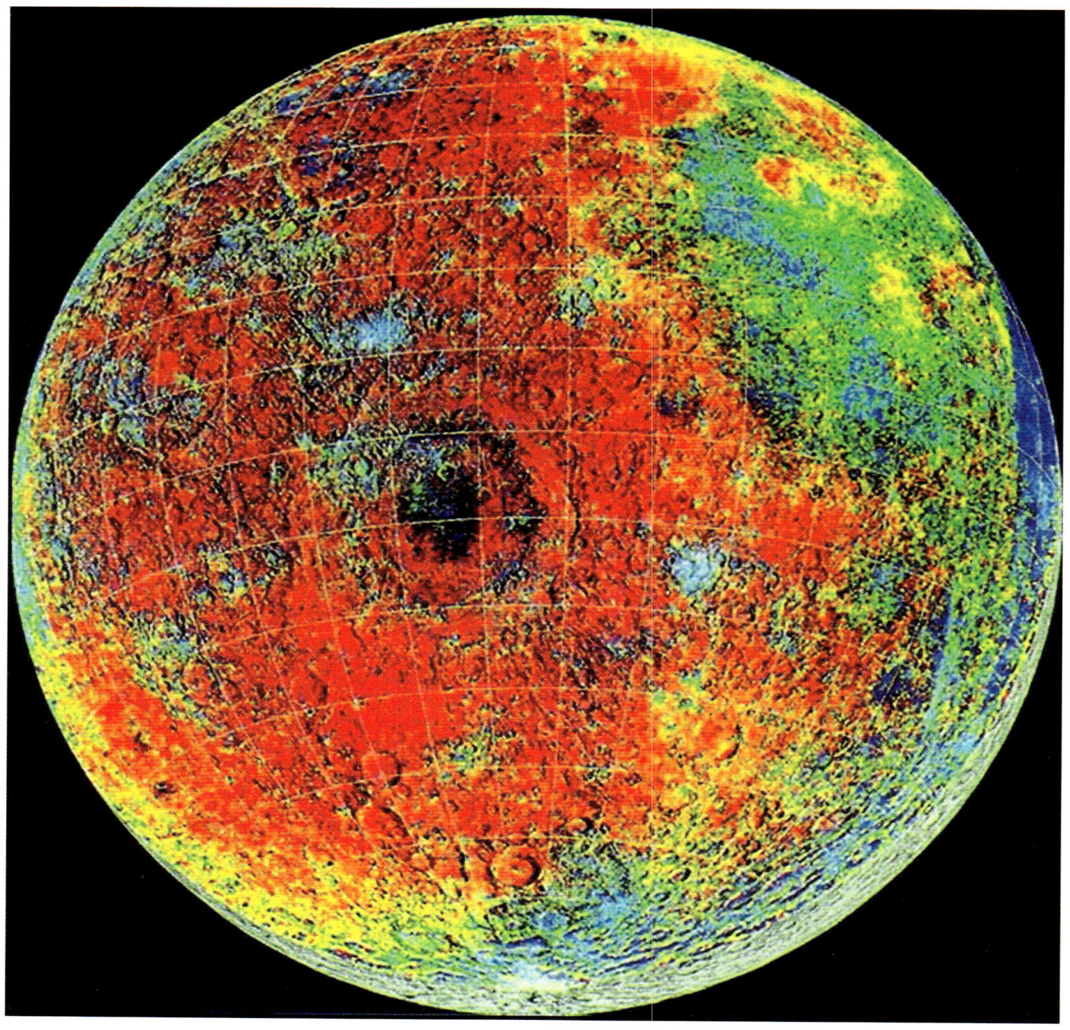

Die der Erde abgewandte Seite des Mondes. Die Mondrückseite, die von der Erde aus nie zu sehen ist, wurde von der Raumsonde Galileo fotografiert, als diese ihre Reise zum Planeten Jupiter antrat. Die verschiedenen Färbungen dieser Aufnahme sind ein Hinweis auf die unterschiedliche Beschaffenheit des Oberflächenmaterials an verschiedenen Stellen auf dem Mond (*siehe auch* Bildtafel 22).

Was das Vorhandensein der Planeten und Kometen (sowie den Rest des kosmischen Schutts) anbelangt, so ist zunächst anzumerken, daß das Schlüsselmerkmal des Sonnensystems die Art und Weise ist, wie die Materie in einer dünnen Scheibe angeordnet ist, wobei im wesentlichen die gesamte Materie in dieser Scheibe sich in gleicher Weise um die Sonne herum bewegt. Als die Wolke, die in sich zusammenfiel und das Sonnensystem bildete, zu kollabieren begann, muß sie sich gedreht haben, zumindest ganz schwach – es wäre ja auch eine außergewöhnlich unwahrscheinliche Wolke gewesen, wenn sie einfach nur so im All herumgehangen hätte, ohne sich wenigstens ein bißchen zu drehen. Als diese Wolke in sich zusammenfiel, nahm die Drehgeschwindigkeit immer mehr zu, genau wie Eisläufer sich in einer Pirouette schneller drehen, wenn sie die Arme an den Körper legen. Das Verhältnis zwischen Drehgeschwindigkeit, Größe und Masse eines sich drehenden Objekts kann man ermitteln; man bezeichnet diese Größe als Drehmoment, und das Drehmoment allein wäre imstande gewesen, das Zusammenziehen der Wolke zum Stillstand zu bringen und ihre Schwerkraft zu neutralisieren, so daß sich die Sonne niemals hätte bilden können – wenn sie nicht einen Teil des Drehmoments losgeworden wäre.

Doch offenbar gelang es der „Protosonne“, genügend Drehmoment loszuwerden, sonst säßen wir heute nicht hier, um uns über dieses Puzzle den Kopf zu zerbrechen. Und das funktionierte so: Einen Teil des Drehmoments nahm die Materie, die von der Protosonne in das Weltall hinausgeschleudert wurde, mit; einen anderen Teil verlor sie, weil etwas von der Materie in der Wolke sich zu einer Scheibe um den neuen Stern formierte. Das Drehmoment hängt davon ab, wie weit die betreffende Masse vom Rotationszentrum entfernt ist, aber auch von der Größe der Masse und von ihrer Bewegungsgeschwindigkeit. Deswegen hat Jupiter, der doch weit weniger Masse besitzt als die Sonne, ein sehr großes Drehmoment, weil er nicht nur (für einen Planeten) groß ist, sondern auch weit entfernt vom Sonnenmittelpunkt. Und die übrigen Objekte im Sonnensystem tragen ebenfalls dazu bei, Drehmoment zu speichern, das sonst die Entstehung der Sonne verhindert hätte.

In der Scheibe des Sonnensystems bewegen sich alle Planeten in gleicher Richtung um die Sonne. Die meisten Planeten haben Monde, und mit sehr wenigen Ausnahmen kreisen diese Monde in derselben Richtung um die Planeten wie diese um die Sonne (diese wenigen Ausnahmen sind, wie man vermutet, keine Originalmonde, die in der Geburtsphase des Sonnensystems *in situ* entstanden, sondern Schuttbrocken, die von ihrem Mutterplaneten zu einem späteren Zeitpunkt eingefangen wurden; man könnte sie fast als Pflegekinder-Monde oder angenommene Monde bezeichnen). Und sogar die Planeten rotieren um ihre eigene Achse in demselben Drehsinn (mit Ausnahme von Uranus und Venus, deren Umdrehungsrichtung sich vielleicht durch den Zusammenprall mit großen Brocken von kosmischem Schutt umgekehrt hat). Auch die Sonne selbst, die für eine komplette Umdrehung um die eigene Achse 25,3 Tage braucht, rotiert in gleicher Richtung. All dies ist ein eindrucksvoller Beweis dafür, daß die Planeten und die (meisten) Monde zur selben Zeit wie die Sonne aus einer flachen Materiescheibe entstanden, die aus der zusammenfallenden Protosonne hinausgeschleudert wurde. Die Materie in dieser Scheibe verdichtete sich zu Planeten, und bei den größeren Planeten wiederholte sich dieser gesamte Ablauf im Miniaturformat, so daß sich um die Planeten in gleicher Weise Mondfamilien scharten wie die Planeten als Familie um die Sonne.

In dieser Art bildlicher Darstellung läßt sich am leichtesten erklären, warum es zwei Arten von Planeten im Sonnensystem gibt – kleine, felsige Planeten in Sonnennähe und große Gasplaneten in größerer Entfernung von der Sonne. Schuld daran war einzig und allein die Hitze der jungen Sonne, die flüchtigere Materie aus den Innenbezirken des Sonnensystems hinausblies. In größerem Abstand von der Sonne, herrschten tiefere Temperaturen, so daß sich Materie erst dort verdichtete.

Die Herausbildung von Planeten muß bereits im Urnebel begonnen haben, sogar noch bevor die Materie angefangen hatte, eine Scheibe um die Protosonne zu bilden. Winzige Staubkörnchen in der Wolke prallten aufeinander und ballten sich zu lockeren Superkörnern von wenigen Millimetern Durchmesser zusammen. Weil diese Körner in der immer dichter werdenden, in sich zusammenfallenden Wolke ständig von Gasmolekülen bombardiert wurden, waren sie sehr empfänglich für die Prozesse, die Drehmoment übertragen, und ließen sich schnell in der Scheibe nieder (wobei sie buchstäblich an Ort und Stelle geschubst wurden), wo sie reichlich Gelegenheit hatten, sich gegenseitig zu beeinflussen.

Zunächst war es die Klebrigkeit dieser Superkörner, auf die es ankam – sie prallten ziemlich sanft aufeinander, weil sie sich alle innerhalb der Scheibe in derselben Richtung um die Sonne bewegten; dadurch wurden sie bei Zusammenstößen nicht in Stücke gerissen und vereinigten sich miteinander. Als diese Urkörner ungefähr auf die Größe von Asteroiden – etwa einen Kilometer Durchmesser – herangewachsen waren, war ihre Anziehungskraft bereits so beträchtlich, daß sich Gruppen von Asteroiden zu Schwärmen zusammenschlossen, was wiederum zu weiteren Kollisionen und gegenseitigen Beeinflussungen führte. Dadurch entstanden immer größere Gebilde. Doch Frontalzusammenstöße, die diese Gebilde auseinandergerissen hätten, waren selten, weil sich ja alles in derselben Richtung um die Sonne drehte. Die größeren Brocken mit der stärksten Anziehungskraft schluckten den restlichen Schutt in unmittelbarer Nachbarschaft, bis ihre Umlaufbahn um die Sonne leergefegt war. Diese größeren Brocken wurden zu Planeten – und die Spuren dieses letzten „Großreinemachens" sind, wie wir noch sehen werden, auf den von Einschlagkratern übersäten Oberflächen der Planeten und Monde heute noch zu sehen.

Als die Objekte, aus denen später die Planeten werden sollten, immer größer wurden, glühte die junge Sonne im Herzen der Gas-und-Staub-Wolke, in der sie sich bildeten. In der Nähe der Sonne war die Hitze so groß, daß alle sich leicht verflüchtigenden Bestandteile der Materie fortgetrieben wurden; daher bestanden die wachsenden Materieklumpen hauptsächlich aus Stoffen, die nicht leicht verdampften, wie z. B. Eisen und Kieselerde.

In größerer Entfernung von der Sonne behielten jedoch die Urkörner aus der interstellaren Wolke, aus deren Zusammenbruch das Sonnensystem entstand, einen Überzug aus vereister Materie, die unter anderem aus Wassereis, gefrorenem Methan und gefrorenem Ammoniak bestand. Und als sich größere Materiebrocken weit weg von der Sonne zusammenzuballen begannen, war deren Anziehungskraft groß genug, etwas von dem Wasserstoff und Helium einzufangen, das durch die Aktivität des jungen Zentralsterns in der Mitte aus dem Innersten der ursprünglichen Gaswolke hinausgeblasen wurde.

(Rechte Seite) Der Komet Hale-Bopp, hier mit einer normalen Spiegelreflexkamera und einem 35-mm-Objektiv von der Erde aus aufgenommen, durchquerte 1997 das innere Sonnensystem. Das Schauspiel, das die beiden – deutlich erkennbaren – Kometenschweife boten, kam dadurch zustande, daß die Sonnenhitze von der „schmutzigen Eiskugel", die den Kometenkern bildete (*siehe* Bildtafel 30), Materie verdampfen ließ.

Außerhalb der Jupiterbahn muß es eine ungeheure Menge von solch gefrorenem Zeug gegeben haben, das eine Vielzahl von Eiskugeln bildete. Einige dieser Eisberge ballten sich zusammen; daraus entstanden die Kerne im Innersten der übrigen Riesenplaneten; die Anziehungskraft Jupiters beherrschte jedoch bald, was sich in diesem Bereich der Scheibe abspielte. Einige der Eisklumpen wurden in Bahnen abgelenkt, die sie in die Nähe der Sonne brachten, wo sie nach ein paar Umläufen um die Sonne restlos verdampften. Andere stürzten auf die inneren Planeten (und es gibt ein Denkmodell, das besagt, daß der Großteil des Wassers auf der Erde davon herrührt und nur eine „Draufgabe" von Vulkanausbrüchen). Viele wurden jedoch durch eine Art Schwerkraft-Schleudereffekt hinauskatapultiert, wo sie den Kuiper-Gürtel und die Oortsche Wolke bildeten.

Eine in jüngster Zeit angestellte Berechnung, die sich auf Computersimulationen dieses Prozesses stützte, läßt darauf schließen, daß es ursprünglich gefrorenes Material in der Größenordnung von etwa 120 Erdmassen in dem Bereich außerhalb der Jupiterbahn und innerhalb der heutigen Neptunbahn gab. Davon gingen 85 Erdmassen in den Kernen der Planeten Saturn, Uranus und Neptun auf, indem Gas durch die Anziehungskraft Akkretionen in Form dieser Kerne bildete. Also blieben 35 Erdmassen der Urmaterie übrig, und zwar in Form von kometarischen Eisbergen. Davon wurde die Hälfte in Bahnen abgedrängt, die sie nahe an die Sonne heranbrachten, und 16 Erdmassen wurden in die entgegengesetzte Richtung ganz aus dem Sonnensystem hinausgeschleudert in den interstellaren Raum. Lediglich ein Rest von 1,5 Erdmassen blieb übrig, und daraus entstand die Oortsche Wolke. Das Sonnensystem war damit komplett, und das Reich der Sonne hatte fortan eine genau festgelegte Grenze.

All dies war die natürliche Folge des Zusammenbruchs einer Gaswolke im Weltall, die mit ein paar Staubpartikeln in Form interstellarer Körner durchsetzt war – Staub aus Elementen, die in den Kernschmelzöfen früherer Sterngenerationen „geschmiedet" worden waren. Es steht außer Zweifel, daß auch künftig jedesmal, wenn ein Stern auf diese Weise entsteht, ein ganzes Gefolge von Planeten diesen begleitet – ganz ähnlich wie im Sonnensystem. Nun ist es aber so, daß sehr viele Sterne nicht genau auf diese Weise als Einzelsterne entstehen, sondern Mehrlings-Sternsysteme bilden, d. h., daß zwei, drei oder noch mehr Sterne auf ihren Bahnen einander umkreisen. Aber jedesmal, wenn ein einzelner Stern entsteht – und das trifft auf Millionen von Sternen allein in der Scheibe der Milchstraße zu, auch wenn sie nur eine kleine Minderheit in der Gesamtzahl aller Sterne darstellen –, müssen solche Planeten wie in unserem Sonnensystem mitentstehen. Höchstwahrscheinlich bedeutet das, daß Leben – sogar intelligentes Leben – gar nichts so Ungewöhnliches ist und daß es gerade in diesem Augenblick andere Lebewesen gibt, die andere Planetenwelten erforschen und über die Bilder staunen, die ihnen von dort zu ihrem Heimatplaneten gesandt werden.

Das Reich der Sonne ist etwas Besonderes für uns, aber es ist mit Sicherheit nichts Einzigartiges. Wenn wir uns bequem zurücklehnen und eine Führung durch die besten Aufnahmen aus dem Sonnensystem genießen, ist es durchaus angebracht, darüber nicht ganz zu vergessen, daß man eines Tages all dies vielleicht als ebenso überholt belächeln wird wie eine im Mittelalter in Europa angefertigte Karte der „Welt", deren Grenzen das Mittelmeer und der Atlantische Ozean bilden und deren entlegenere Regionen schlicht als „Drachengebiet" beschriftet sind.

DIE BILDER

BILDTAFEL 1

SONNENAUFGANG VON APOLLO 12 AUS

Ein einigermaßen wirklichkeitsnahes Bild davon, wie klein und zerbrechlich unser Heimatplanet sich im All ausnimmt, bekamen viele Menschen erstmals Ende der sechziger Jahre, als die Apollo-Missionen die ersten Bilder von der Erde als einem Planeten mitbrachten. Unsere Reise durch das Sonnensystem beginnt mit der Sonne, die im Mittelpunkt ihres Planetenreiches thront; aber sie fängt auch mit der Erde an, der Oase im Weltraum, auf der wir leben. Dieses schlichte, aber faszinierende Foto machten im November 1969 die Astronauten an Bord von Apollo 12 auf ihrem Rückflug vom Mond. Es zeigt die gerade wieder hervorkommende Sonne nach einer Finsternis, die dadurch auftrat, daß die Erde sich direkt zwischen das Raumschiff auf seiner Heimreise und die Sonne geschoben hatte. Wie dünn die Atmosphäre – die lebensspendende Lufthülle um unseren Planeten – ist, zeigt auf spektakuläre Weise diese Aufnahme, und man kann regenbogenähnliche Farbstreifen an beiden Enden des Atmosphärebogens erkennen, der von der aufgehenden Sonne angestrahlt wird.

BILDTAFEL 2

SONNENPROTUBERANZ, VON SKYLAB AUS BETRACHTET

Während der dritten und letzten bemannten Skylab-Mission wurden am 19. Dezember 1973 die Astronauten, die die Erde auf einer Umlaufbahn umkreisten, Augenzeugen einer der gewaltigsten Sonneneruptionen, die je im Bild festgehalten wurden. Der Bogen aus ionisiertem Gas (Plasma), der dabei ins Weltall emporschoß, hatte eine Spannweite von mehr als 588 000 km und damit eine Länge, die etwa das Eineinhalbfache des Abstands Erde-Mond betrug. Diese Aufnahme wurde mit Licht vom äußersten Ultraviolett-Ende des Spektrums und mit Wellenlängen gemacht, die zu kurz sind, als daß das menschliche Auge sie noch wahrnehmen könnte; erzeugt werden sie von energiereichen Helium-Atomen. Aktive Gebiete auf der Sonnenoberfläche erscheinen bei diesen Wellenlängen als helle Flecken.

Diese Art von Aktivität kommt und geht in einem etwa 11jährigen Rhythmus, der als Sonnenzyklus bezeichnet wird. Die Sonnenaktivität ging in der Zeit, in der wir dieses Buch zusammenstellten, gerade einem Maximum entgegen, das zum Beginn des neuen Jahrtausends auftreten sollte.

DIE ÄUSSEREN BEREICHE DER SONNE

Weil die Sonnenoberfläche so hell ist, können weder unsere Augen noch Kameras die relativ dünne Atmosphäre der Sonne erkennen, die nur bei einer Finsternis sichtbar wird, weil dann der Mond das von der Sonne selbst abgestrahlte Licht abdeckt. In Anlehnung an diesen Trick der Natur führen Astronomen künstliche Sonnenfinsternisse herbei, indem sie eine Scheibe vor ihren Detektoren anbringen, die gerade groß genug ist, den Hauptteil der Sonnenscheibe zu verdunkeln. Auf dieser Kompositaufnahme, die mit Geräten an Bord der unbemannten Raumsonde SOHO aufgenommen wurde, hat ein Detektor die Sonne direkt anvisiert, während ein eigener Detektor gleichzeitig unter Zuhilfenahme der „künstlichen Sonnenfinsternis-Technik" die äußere Atmosphäre beobachtete. Die beiden Aufnahmen wurden dann zusammengesetzt, um uns ein Bild davon zu geben, wie heiße Materie von der Sonnenoberfläche weg in alle Richtungen in den Weltraum hinausströmt.

Die Oberfläche der Sonne und die untere Atmosphäre (innerhalb des dunklen Kreises) sind hier im ultravioletten Licht abgebildet, das von hochgradig ionisierten (elektrisch geladenen) Eisenatomen bei einer Temperatur von 2 Millionen Grad Celsius ausgestrahlt wird; die äußere Atmosphäre wird im Licht ionisierter Sauerstoff-Atome bei einer Temperatur von 200 Millionen Grad Celsius gesehen, die ins Weltall entweichen. Das Kompositbild zeigt deutlich, daß die heißesten und aktivsten (hellsten) Bereiche im entweichenden Gas direkt über den aktiven (hellen) Bereichen auf der Sonnenoberfläche liegen.

SONNE IN BLAU

Jeder hat schon einmal etwas von einem „blauen Mond“ gehört – aber eine blaue Sonne? Dieses Bild ist, genaugenommen, eine „Falschfarben“-Aufnahme, denn kein menschliches Auge wäre imstande, das Licht zu sehen, das dafür verwendet wurde: Es liegt nämlich im extremen Ultraviolettbereich des Spektrums und ist blauer als das blaueste sichtbare Licht. Es wurde mit einer Kamera an Bord der Raumsonde SOHO aufgenommen, und zwar in einer Bildfolge, die das dynamische Geschehen auf der sich ständig verändernden Sonnenoberfläche (sogar wenn sich die Sonne insgesamt auf einem relativ niedrigen Aktivitätsniveau befindet) als in Echtzeit aufgenommenen Film wiedergibt. Die Sonnenaktivität, die auf diese Weise bildlich wiedergegeben wird, ist in der dünnen Sonnenatmosphäre zu sehen, d. h. in der als Korona bezeichneten Region, die knapp innerhalb des dunklen Kreises auf Bildtafel 3 liegt, wo die Temperatur über eine halbe Million Grad Celsius erreicht und eine intensive Ultraviolettstrahlung von Eisenatomen hervorruft, denen viele ihrer Elektronen weggerissen worden sind.

MERKUR

Merkur ist der sonnennächste Planet. Das macht seine Beobachtung mit Teleskopen von der Erde aus schwierig, denn wenn der Planet sich auf derselben Sonnenseite befindet wie wir, können wir nur seine Nachtseite sehen; wenn er sich auf der anderen Seite der Sonne befindet, verschwindet er hinter der blendenden Helligkeit der Sonne. Zum ersten Mal konnten sich Astronomen ein Bild vom Aussehen der Merkuroberfläche machen, als die Raumsonde Mariner 10 im Jahre 1974 den ersten Vorüberflug (von insgesamt drei) an Merkur absolvierte. Dabei stellte sich heraus, daß die Oberfläche dieses Planeten der unseres Mondes verblüffend ähnlich sieht. Die vielen Krater belegen, daß Merkur von zahllosen Einschlägen sozusagen bombardiert wurde, als das Sonnensystem noch jung war. Dies war eines der wichtigsten Beweisstücke, das zum Verständnis der Planetenentstehung, wie es in der Einleitung dargestellt ist, Wesentliches beitrug.

Dieses Bildmosaik aus Aufnahmen der Raumsonde Mariner 10 liefert einen guten Gesamteindruck vom Aussehen Merkurs, obwohl die Nahtstellen der aneinandergefügten Bilder noch zu erkennen sind. Um die Details der Oberfläche deutlicher hervortreten zu lassen, wurde zusätzlich Farbe verwendet.

NAHAUFNAHME VON MERKUR

Obwohl Mariner 10 zu der ersten Serie von Raumsonden gehörte, die uns Zugang zum Verständnis des Sonnensystems verschaffen sollten, hat seither keine weitere mehr Merkur einen Besuch abgestattet. Daher sind die besten Bilder, die wir von der Oberfläche des innersten Planeten haben, allesamt zwei Jahrzehnte alt. Daher fehlt ihnen, wie diese Nahaufnahme zeigt, die Detailschärfe einiger anderer Aufnahmen in diesem Buch.

Dessenungeachtet sind die von Mariner 10 zur Erde geschickten Bilder – wie dieses – von unschätzbarem Wert, weil sie keinerlei Spuren von Vulkanen oder anderer geologischer Aktivität aufzeigen. Es ist ganz klar, daß Merkur ein toter Planet ist, daß die Krater seiner Oberfläche Einschlagkrater aus einer weit zurückliegenden Zeit und keine Vulkankrater sind. Über einen Zeitraum von über drei Milliarden Jahren hinweg hat sich auf der Merkuroberfläche sehr wenig ereignet.

Durch die Einfärbung dieses Fotos soll ein genaueres Bild davon vermittelt werden, wie der Planet sich dem menschlichen Auge darbieten würde.

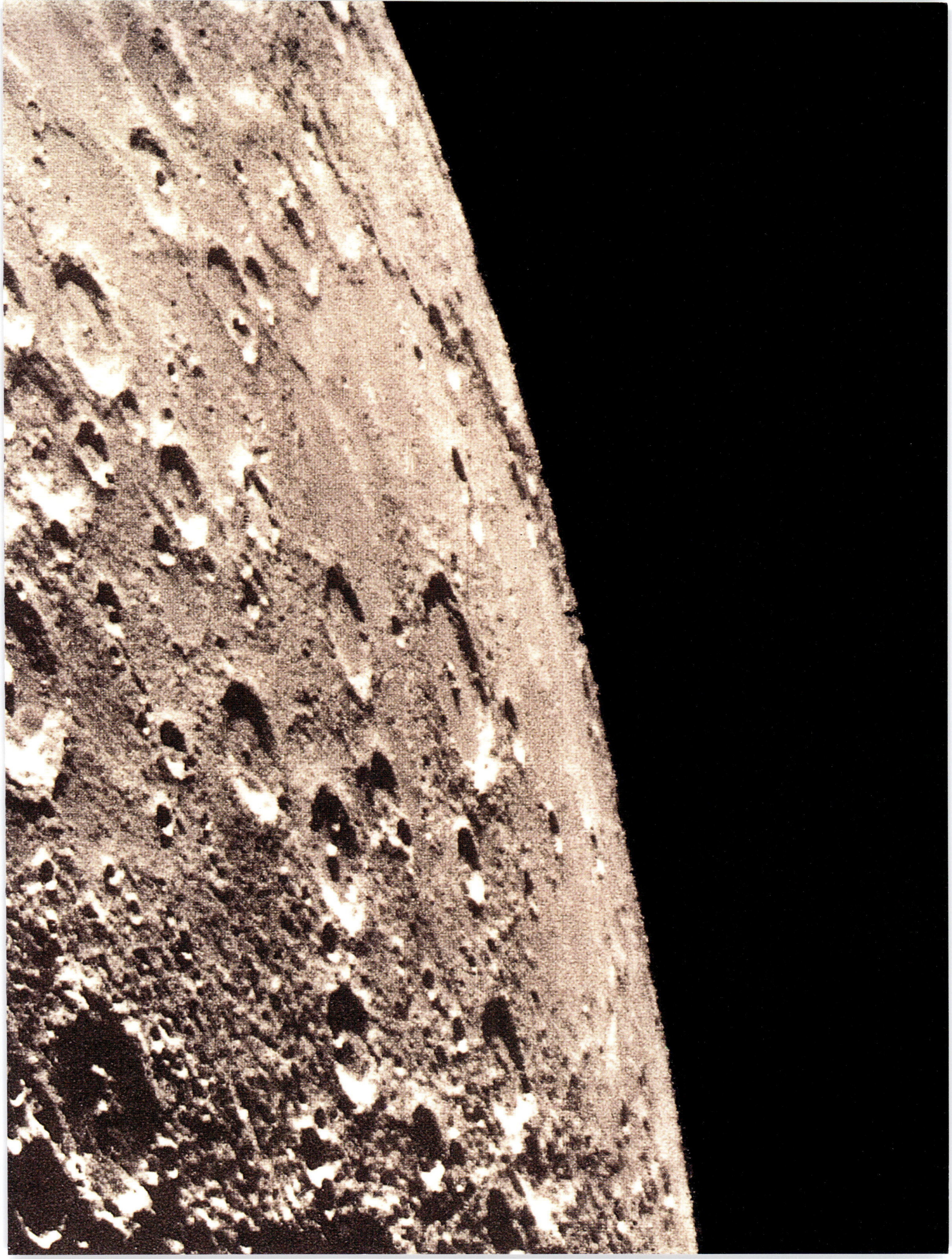

DIE VENUSWOLKEN

Merkur ist schon schwierig zu beobachten, aber Venus ist für Astronomen, die sie von der Erdoberfläche aus anvisieren, ein echter Alptraum. Sie liegt nämlich nicht nur zwischen Erde und Sonne (was ihre Beobachtung ebenso problematisch macht wie die des Planeten Merkur), sondern ist – im Gegensatz zu Merkur – auch noch von einer dichten Atmosphäre umgeben und von Wolken verhüllt. Das führt dazu, daß es selbst einer an Venus vorbeifliegenden Sonde nicht gelingt, die Oberfläche des Planeten direkt zu fotografieren. Das Bild rechts, das im Februar 1990 von der Raumsonde Galileo aus einer Entfernung von 2,7 Millionen km aufgenommen wurde, beleuchtet dieses Problem auf eindrucksvolle Weise. Zu sehen sind darauf einzig und allein die Schwefelsäurewolken, die mit einer Geschwindigkeit von bis zu 100 Metern pro Sekunde westwärts ziehen und dabei Streifen bilden.

Wäre Galileo ein bemanntes Raumschiff gewesen, hätten die Astronauten an Bord nicht einmal diese wenigen Einzelheiten sehen können. Das menschliche Auge sieht die Venuswolken nur als eintönige weiße Schicht. Die Aufnahme rechts bekam nur dadurch Struktur, daß sie mit einem Violettfilter aufgenommen und das so gewonnene Bild zur Steigerung des Kontrasts blau eingefärbt wurde.

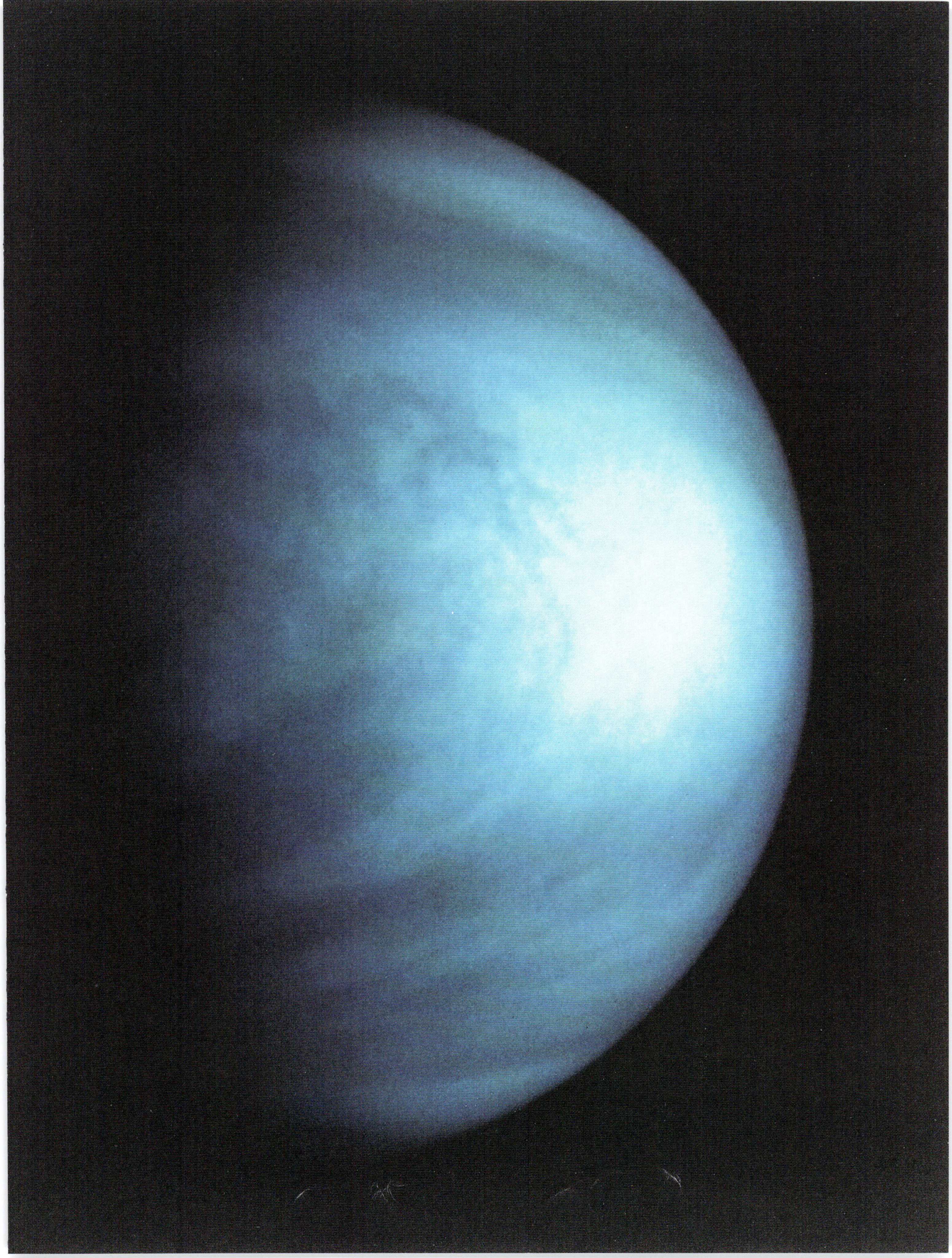

DIE OBERFLÄCHE DER VENUS

Die einzigen bisher existierenden Bilder von der Venusoberfläche stammen von den sowjetischen Venera-Raumsonden und aus dem Jahre 1982. Venera 13 landete am 1. März 1982 auf der Venus und übermittelte in dem 2 Stunden und 7 Minuten dauernden Zeitraum, der der Sonde verblieb, bevor sie von der Hitze, dem Druck und dem Säureregen gleichzeitig eingeschmolzen, zerquetscht und zerfressen wurde, vierzehn Bilder – darunter auch das Foto rechts – von der Oberfläche des Planeten. Diese Farbaufnahme entstand durch Zusammenführung der Bildinformationen von drei Einzelbildern, die mit Dunkelblau-, Grün- und Rotfilter aufgenommen worden waren. Es ist eine Weitwinkelaufnahme, die 170° abdeckt und Teile der Raumsonde am unteren Bildrand erkennen läßt. Ein Teil des Horizonts wurde durch den Winkel weggeschnitten, in dem die Kamera aufnahm. Der Gegenstand auf dem Boden im Bildvordergrund ist der Linsenverschluß einer der Kameras.

Die Aufnahme zeigt zwar deutlich, daß es auf der Oberfläche der Venus Steine und Erde gibt, doch ist schwer zu beurteilen, was deren echte Farbe ist, denn die Venusatmosphäre filtert das blaue Licht heraus. Die Bilder von Venera 13 (und ihrer Schwestersonde Venera 14) liefern den besten Anhaltspunkt dafür, welche Farbe die Venusoberfläche aufweisen würde, wenn man die Atmosphäre und die Wolken, die die Venus verdecken, wegziehen könnte.

DIE ERFORSCHUNG DER VENUSOBERFLÄCHE

Das sichtbare Licht kann zwar die Wolken der Venus nicht durchdringen, doch Radar ist dazu imstande. Zunächst sandten Astronomen in den sechziger Jahren von der Erde aus Radarsignale zur Venus und kamen durch die reflektierten Impulse erstmals zu Informationen über die Topographie der Venusoberfläche. In den siebziger Jahren schwenkten die NASA-Sonden Pioneer Venus und zwei sowjetische Sonen, Venera 15 und Venera 16, in Umlaufbahnen um die Venus ein und erkundeten mit Hilfe von Radar deren Oberfläche genauer. Gelüftet wurden die Schleier der Venus schließlich durch die Raumsonde Magellan, die im Jahre 1990 eine Umlaufbahn um die Venus erreichte und mit Radar fast die gesamte Oberfläche so detailliert kartographierte, daß Einzelheiten von lediglich 100 Metern Breite darauf noch zu erkennen waren. Durch Zusammenführung dieser topographischen Karten mit Farbinformationen über die Oberflächengesteine von den Sonden Venera 13 und 14 gelang es den Astronomen, 3D-Bilder, die im Computer umgerechnet worden sind, zu erhalten, aus denen ersichtlich ist, wie die Venusoberfläche aussehen würde, wenn sie nicht durch Wolken verdeckt wäre. Einige dieser verblüffenden Bilder sind auf den folgenden Seiten zu sehen.

Das verblüffendste Charakteristikum der Venusoberfläche besteht darin, daß dieser Planet – anders als Merkur – eindeutig ein aktiver Planet ist, auf dem geologische Prozesse bis zum heutigen Tag andauern. Speziell das Foto rechts zeigt pfannkuchenähnliche Vulkane, die durch Lavaaustritte aus glühflüssigen Schichten unter der Venusoberfläche gebildet wurden und über den ganzen Planeten verteilt sind. Die Kegel sind etwa 750 m hoch und haben einen Durchmesser von ca. 25 km. Hier sind sie so abgebildet, wie sie aus einer Höhe von 2,4 km zu sehen wären (drehen Sie das Buch um 90 ° im Uhrzeigersinn, um das Foto im Querformat und somit die Kegel von oben betrachten zu können). Die Breite des Bildes ist auf dieser Aufnahme übertrieben dargestellt, damit die Einzelheiten dieser Gebilde deutlicher hervortreten.

Ein Vulkan auf der Venus

Dies ist ein Beispiel für die Detailgenauigkeit der Radaraufzeichnungen der Magellan-Sonde. Das Bild rechts zeigt eine Fläche von ungefähr 250 000 km^2; im Mittelpunkt ist ein ca. 2000 m hoher, noch unbenannter Vulkan zu sehen. Die Farben wurden so gewählt, daß sie die Temperatur der Gesteine rund um den Vulkan anzeigen: Rot entspricht hohen Temperaturen und Blau (relativ) niedrigen Temperaturen.

Dies ist der gängige Vulkantyp auf der Venus und weist eine gewisse Familienähnlichkeit mit den Schildvulkanen auf der Erde auf – klassischen kegelförmigen Gebilden wie den Vulkanen auf Hawaii.

WARUM MAN KRATER ZÄHLT

Die Venus ist nicht nur geologisch aktiv, sondern weist auch eine durch viele große Einschlagkrater wie mit Narben übersäte Oberfläche auf. Diese Ansicht zeigt ein Kratergebiet, das aus den Einzelkratern Saskia (37,3 km Durchmesser; im Vordergrund), Danilova (47,6 km Durchmesser; links) und Aglaonice (62,7 km Durchmesser; rechts) besteht. Auch in diesem Falle stammen die topographischen Detailaufnahmen von der Raumsonde Magellan. Die Farbgebung greift auf die Daten von Venera 13 und 14 zurück.

Bilder wie dieses liefern Beweismaterial dafür, daß die inneren Planeten des Sonnensystems vom Aufprall kosmischer Brocken regelrecht bombardiert wurden. Ein Vergleich der Anzahl sichtbarer Krater auf der Venus mit der Kraterzahl auf anderen Planeten zeigt jedoch, daß sich auf der Venus vor etwa 600 Millionen Jahren etwas ganz Außergewöhnliches ereignet haben muß. Es sind nämlich auf der Venus weit weniger Krater, als dort sein müßten, wenn dieser Planet – wie Merkur und der Mond – seine ursprüngliche, narbenübersäte Oberflächenschicht behalten hätte. Aus der Zählung der Krater schließen die Astronomen, daß die Venusoberfläche vor rund 600 Millionen Jahren durch eine geologische Umwälzung geglättet wurde, die den gesamten Planeten mit einer neuen Oberfläche aus frischer Lava versah, und daß dies vielleicht nur das letzte von mehreren ähnlichen Ereignissen in der 4 Milliarden Jahre währenden Geschichte dieses Planeten war.

Das wirft ein bezeichnendes und alarmierendes Licht auf die bis heute andauernde Gefährdung des inneren Sonnensystems durch kosmische Einschläge. Es bedeutet nämlich, daß sämtliche heute auf der Venus sichtbaren Krater – einschließlich des Kratergebietes auf dem Foto – in der jüngsten Geschichtsphase dieses Planeten entstanden sind und daß sich Objekte, die groß genug sind, um derart große Einschlagkrater entstehen zu lassen, noch heute im inneren Sonnensystem tummeln. Die Erde wird ebenso wie die Venus durch solche Objekte gefährdet und hat über ähnliche Zeiträume hinweg unter ähnlichem „Beschuß" gelitten, wie auch die Dinosaurier zu ihrem Leidwesen erfahren mußten.

Faszinierend ist, daß die Herausbildung der neuen Venusoberfläche etwa zur gleichen Zeit stattfand, als sich nach Milliarden Jahren Stillstand erstmals in den Urmeeren der Erde eine große Vielfalt der Lebensformen entwickelte. Niemand weiß, ob dahinter mehr als ein zufälliges Zusammentreffen steckt.

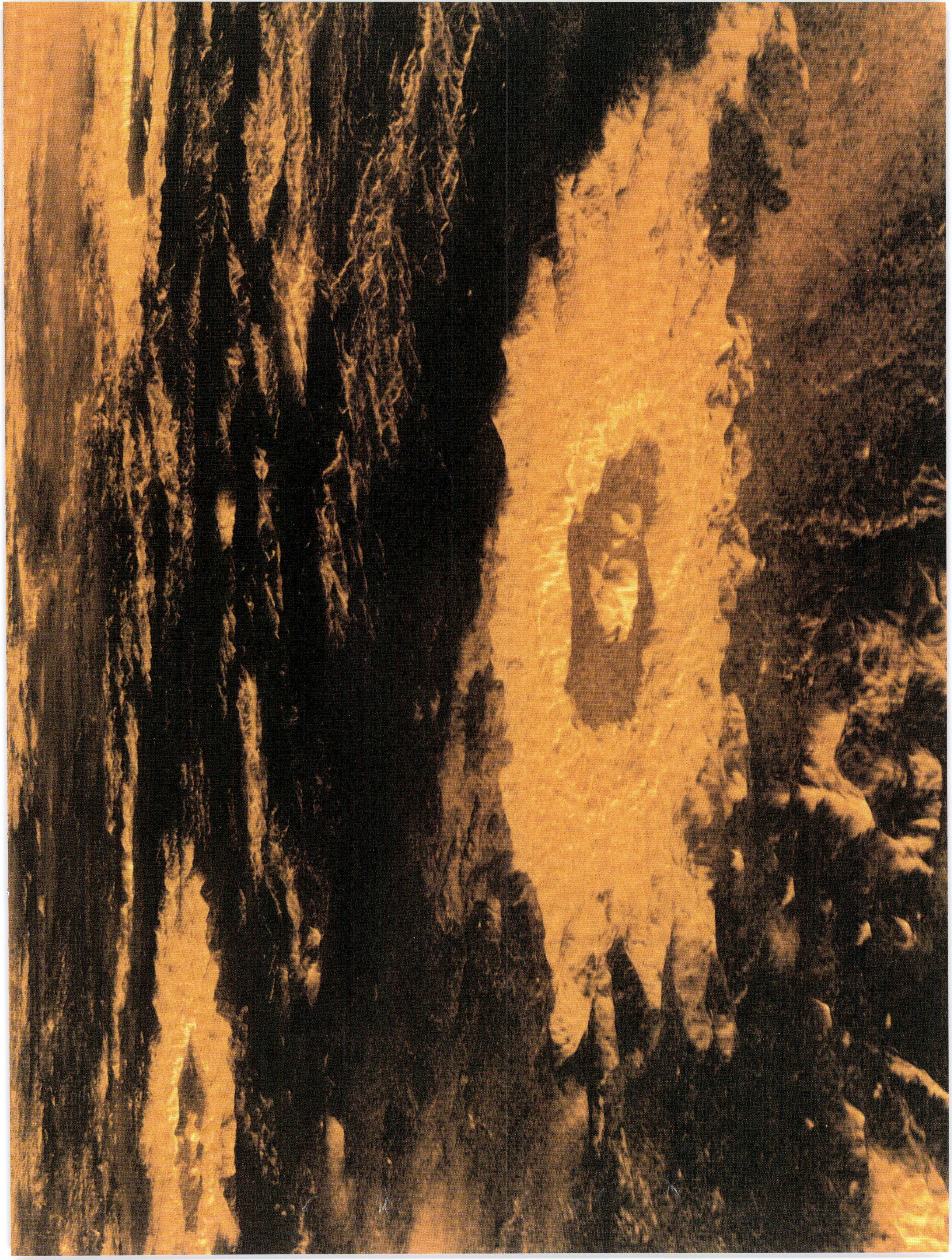

VENUS, PERSPEKTIVISCH GESEHEN

Wie Bildtafel 10 wurde auch diese perspektivische Draufsicht auf das als Sedna Planitia bezeichnete Gebiet der Venus in Farben aufgenommen, die die Temperatur verschiedener Oberflächenbereiche anzeigen sollen. Für die tiefer liegenden Gebiete der Venus sind verschiedene Einzelheiten typisch wie auf diesem Bild, auf dem von Bruchmustern (Rillen oder Risse in der Planetenkruste) umgebene Vertiefungen (die man auch „Coronae" nennt) entlang der tektonischen Gürtel des Planeten aufgereiht sind (so ähnlich wie der „Feuerring" aus Vulkanen, der den Pazifischen Ozean auf der Erde säumt). Man stellt sich vor, daß die Coronae durch „heiße Flecken" unterhalb der Venusoberfläche verursacht werden, die zunächst Magma emporschießen lassen und die Oberfläche aufwölben, dann auskühlen und sich zusammenziehen, so daß die Oberfläche zu einer Vertiefung einsinkt und das umgebende Gestein in dieser charakteristischen Weise bricht. Manchmal tritt an der Oberfläche Lava aus: Auf diesem Bild sind solche hellen Lavaströme zu sehen.

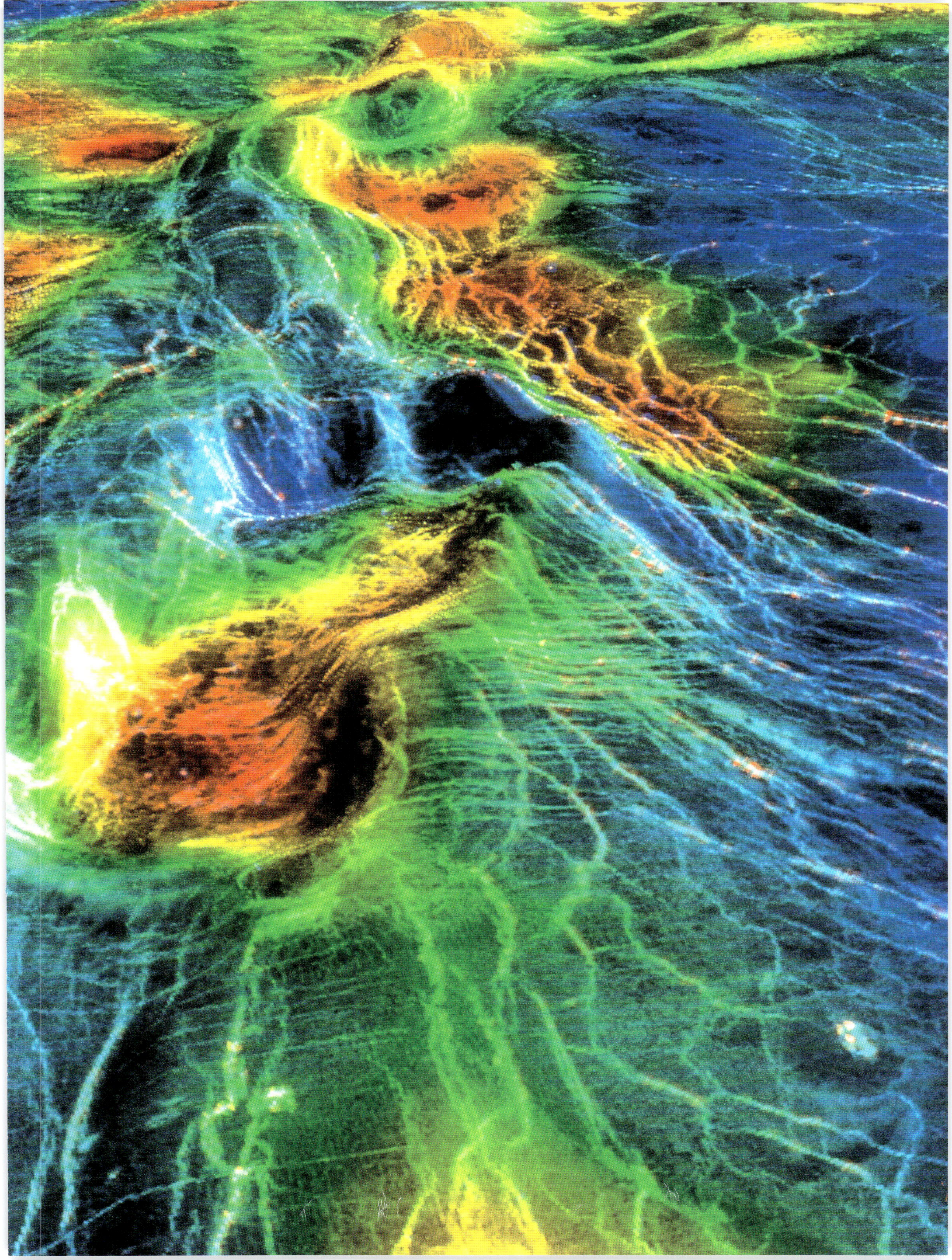

DIE ENTSCHLEIERTE VENUS

Die Arbeit von vielen Jahren steckt in diesem Bild, das eine Halbkugel der Venus so darstellt, wie sie aussehen würde, wenn der Planet keine Atmosphäre besäße. Der Großteil der Daten, die für dieses Bild verwendet wurden, stammt von der Raumsonde Magellan, die von 1990 bis 1994 Daten von der Venus zur Erde schickte; die Lücken füllten Radarbilder und Informationen über das Bodenrelief von Pioneer Venus, von Venera 15 und 16 und sogar von Radaruntersuchungen, die von der Erde aus unter Verwendung des Radioteleskops von Arecibo in Puerto Rico durchgeführt wurden. Die Bilddaten von Magellan deckten über 98 Prozent der Venusoberfläche ab, und zwar mit einer Auflösung von etwa 100 m. Das kleinste Detail, das in diesem Bildmosaik zu sehen ist, mißt etwa 3 km. Die Farben dieser Abbildung sollen nicht die echten Farben der Venusoberfläche darstellen, sondern sind so gewählt, daß sie die verschiedenen Höhen im Gelände (wie eine farbige Höhenlinienkarte) erkennen lassen und die Kontraste verstärken.

DIE OASE ERDE

Das Bild von der unscheinbaren Erde, die wie eine wunderschöne blaue Marmorkugel im Weltall dahintreibt und deren gerade noch erkennbare Atmosphäre als lebensspendende Hülle unseren Planeten umschließt, ist zu einem Klischee des Raumfahrtzeitalters geworden. Ob man es nun als Klischee bezeichnen will oder nicht, dieses Bild ist noch nicht einmal 30 Jahre alt und geht zurück auf die Apollo-Missionen der späten sechziger Jahre; und es vermittelt in der Tat ein wirklichkeitsgetreues Bild von unserem Platz im Universum, indem es die Menschheit mit ihren Hoffnungen, Ängsten und Konflikten in eine kosmische Perspektive stellt. Das hier abgebildete Foto der nahezu vollständigen Erdkugel wurde von den Astronauten der Apollo 15 aufgenommen. Südamerika ist gleich links von der Bildmitte zu sehen. Mittelamerika, Mexiko und Florida sind in der oberen linken Bildhälfte zu erkennen, Spanien und Nordwestafrika rechts oben im Bild. Das Foto wurde am 26. Juli 1971 aus einer Entfernung von 50 000 km – was dem Vierfachen des Erddurchmessers entspricht – aufgenommen.

IM DUNKEL LEUCHTEND

Ebenso wie die übrigen Planeten des Sonnensystems wurde auch die Erde mit elektromagnetischer Strahlung aus nicht sichtbaren Spektralbereichen untersucht. Diese Untersuchungen geben Aufschluß über die Vorgänge in der Atmosphäre und tragen zum besseren Verständnis von Klimaveränderungen, Zerstörung der Ozonschicht und ähnlichen Prozessen bei. Diese Aufnahme wurde am 21. April 1972, während der Apollo-16-Mission, im äußersten Ultraviolettbereich mit einer Belichtungszeit von 10 Minuten und mit Filtern gemacht, die das Ultraviolettlicht von Wasserstoffatomen abblocken, Licht von Sauerstoff und Stickstoff, den beiden Hauptbestandteilen unserer Erdatmosphäre, jedoch durchlassen. Die Farbe wurde dann wie üblich verändert, um die Einzelheiten des Bildes deutlicher hervortreten zu lassen. Zwar leuchtet die Atmosphäre auf der sonnenbeschienenen Seite der Erdkugel, wo sie durch das Sonnenlicht mit Energie aufgeladen wird, am hellsten, doch auf der Nachtseite des Planeten ist ebenfalls ein Airglow-Leuchten der Luftschicht zu sehen.

LEBEN AUF DER ERDE I

Wie wichtig die Erdbeobachtung aus dem Weltall ist, illustriert dieses aufregende Bild, das aus Daten des Satelliten SeaWiFS (dieser zungenbrecherische Name ist eine Abkürzung von **Sea**-viewing **Wi**de **F**ield-of-view **S**ensor) im September 1997 entstand. Verschiedene Bilder wurden aneinandergefügt, um eine Ansicht der „unverhüllten" Erde wie in einer der üblichen Kartenprojektionen zu erhalten. Man bezweckte damit die kartographische Erfassung der verschiedenen Anhäufungen von Meereslebewesen, die unter der Bezeichnung Phytoplankton in den Weltmeeren vorhanden sind. Je mehr Phytoplankton es dort gibt, desto grüner sieht das Wasser aus. Außerdem zeigt diese Abbildung das Vegetationsmuster auf der Landoberfläche der Erde. Doch das augenfälligste Detail ist der Rauchschleier, der über Südostasien liegt – zu diesem Zeitpunkt wüteten nämlich Waldbrände in Indonesien. Bauern und Waldarbeiter hatten ursprünglich die Feuer entfacht, um durch Brandrodung Ackerland zu gewinnen, doch dann gerieten diese wochenlang außer Kontrolle und verursachten eine Umweltkatastrophe in der gesamten Region.

STREIFZUG MIT RADAR

Um den weiter vorne im Buch gezeigten, mit Radartechnik gewonnenen Bildern der Venus den richtigen Stellenwert zu geben, zeigt die Abbildung rechts, was dabei herauskommt, wenn man dasselbe technische Verfahren auf die Erde anwendet: Sie entstand am 14. April 1994 mit Hilfe eines bildgebenden Radargeräts an Bord der Raumfähre Endeavour und zeigt einen Ausschnitt der Erdoberfläche, vom Weltall aus gesehen.

Zu erkennen sind eine Gruppe untätiger Vulkane der Anden im Norden Ecuadors; die Stadt Otavalo ist als rosa Fleck (Bildmitte; rechts) zu sehen, der Otavalo-See als schwarze Fläche (Bildmitte; oben) innerhalb des Dreiecks, das aus drei Vulkankegeln gebildet wird. Von links oben ausgehend, sind es – im Uhrzeigersinn – die drei Vulkane Mojanda, Imabura und Cusin. An der Nordflanke des Mojanda sind Lavakuppeln erkennbar, und ein See füllt einen Teil des Gipfelkraters dieses Vulkans aus. Der letzte Ausbruch des Mojanda ereignete sich vor etwa 3400 Jahren, doch der große Vulkan nahe dem unteren Bildrand war vor 600 Jahren noch aktiv. Diese Art der Kartographierung mit Radar kann in doppelter Weise nutzbringend angewandt werden: zur Erforschung der Spuren vergangener Ausbrüche und für die Vorhersage künftiger Eruptionen – wenn spätere Missionen eine Veränderung in der Topographie eines Vulkans aufzeigen, könnte dies ein Anzeichen dafür sein, daß Magma unter der erstarrten Kruste nach oben drückt und sich bereit macht für einen neuerlichen Ausbruch.

Das hier abgebildete Gebiet hat eine Länge von etwa 50 km, gemessen vom oberen zum unteren Bildrand; Norden ist rechts oben. Für das Aufsuchen dieses Gebiets in einem Atlas hilft die Angabe der geographischen Koordinaten der Bildmitte: 0.1°N, 78.1°W. Die Farben wurden willkürlich hinzugefügt, um technische Einzelheiten darüber in Erfahrung zu bringen, wie die unterschiedlichen Geländeformen der Erdoberfläche die Radarsignale reflektieren.

LEBEN AUF DER ERDE II

Eine Gesamtansicht des im Weltall dahintreibenden belebten Planeten (vergleichen Sie diese Abbildung mit der „Projektion" auf Bildtafel 16). Pflanzliches Leben in den Weltmeeren und auf dem Festland reflektiert das Sonnenlicht auf eine ganz bezeichnende Weise, die von den Sensoren an Bord von Satelliten erfaßt werden kann. Daten von den Satelliten Nimbus 7 und NOAA-7 wurden für die Erstellung dieser Falschfarbenaufnahme verwendet, in der Gebiete mit dichter Vegetation auf dem Festland grün, die planktonreichsten Meeresgebiete hingegen rot und gelb erscheinen. Etwas verwirrend ist, daß auf dieser Abbildung gelbe Bereiche im Meer stark belebte Gebiete darstellen, gelbe Bereiche an Land jedoch eine relativ kärgliche Pflanzenwelt. Die Bedeutung dieses Bildes – von seiner Schönheit einmal abgesehen – besteht darin, daß es deutlich zeigt, wie weit das belebte Gebiet im Ozean bis zum Nordpol hinaufreicht (die Südsee ist auf diesem Bild nicht zu sehen). Bilder dieser Art ermöglichen es, die Auswirkungen von Klimaveränderungen oder der dünner werdenden Ozonschicht in Polnähe aufgrund von Menschenwerk auf diesen wichtigen Bestandteil der globalen Nahrungskette sichtbar zu machen.

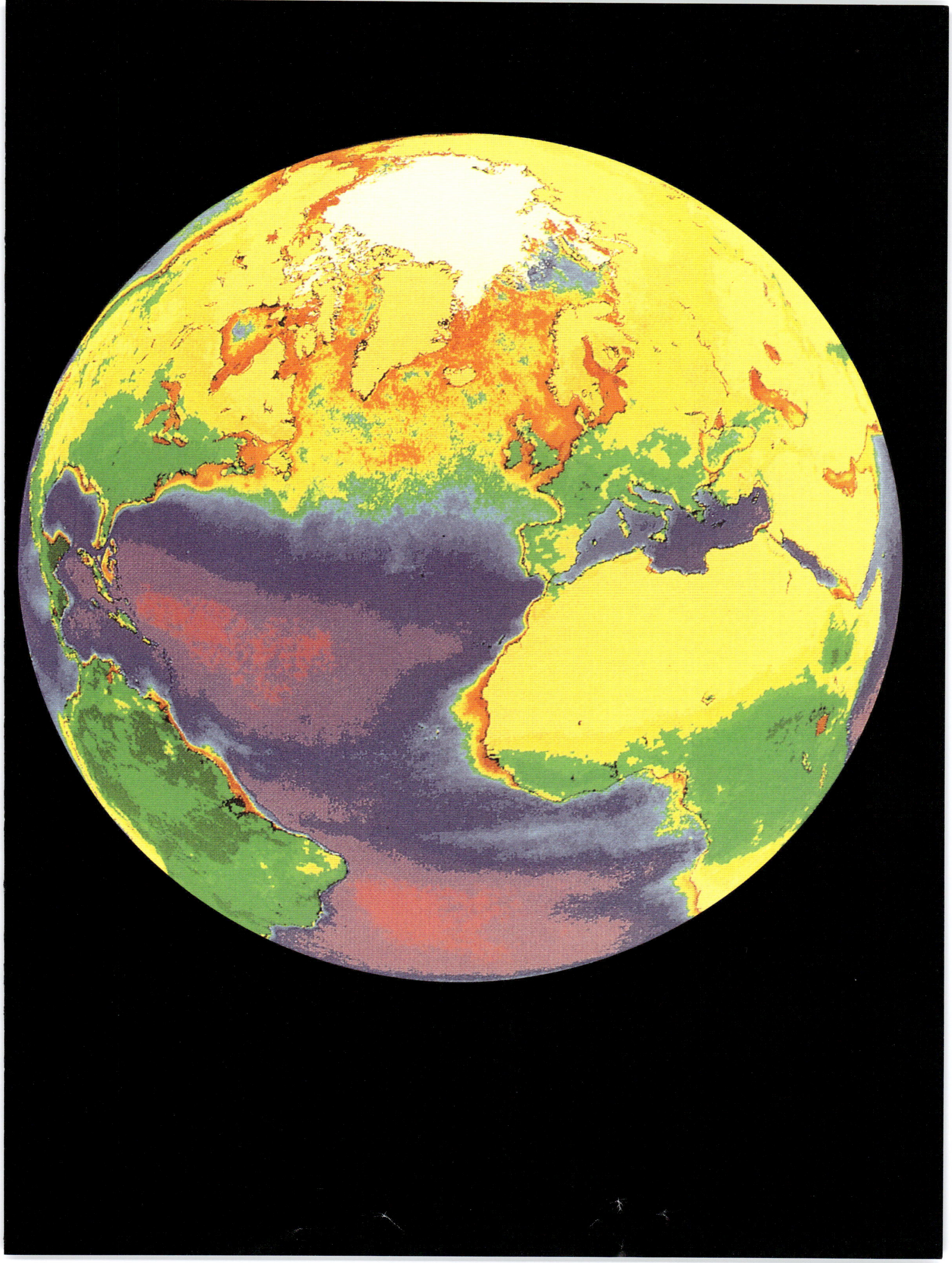

Bildtafel 19

MOND MIT KLEINEN SCHÖNHEITSFEHLERN

Als Galilei im ersten Jahrzehnt des 17. Jahrhunderts erstmals mit seinem Teleskop den Mond anvisierte, entdeckte er, daß dieser keine vollkommene Kugel mit dunklen und hellen Gebieten ist, sondern Gebirge und Krater aufweist. Die so wahrgenommene Unvollkommenheit des Mondes wurde in manchen Kreisen als Häresie betrachtet, denn man stellte sich damals vor, daß der Mond von Gott erschaffen worden sei, und ein Dogma lehrte, daß er eine perfekte Kugel sein müsse als Zeichen für die Vollkommenheit des göttlichen Werks. Einige Theologen argumentierten sogar angesichts der mit eigenen Augen gesehenen Beweise dafür, daß der Mond „in Wirklichkeit" von einem unsichtbaren Stoff, wie etwa Kristall, umschlossen sei, der tatsächlich eine perfekte Kugel bilde, und daß die Berge und Täler in diesen Kristall eingebettet seien. Galilei erwiderte darauf, daß er nichts gegen diese Hypothese einzuwenden habe, vorausgesetzt, er könne annehmen, daß es vielleicht Berge und Täler aus unsichtbarem Kristall gäbe, die zehnmal größer wären als die Berge und Täler, die mit seinem Teleskop zu erkennen waren!

Dieses erstaunlich scharfe Bild, das am 7. Dezember 1992 von der Raumsonde Galileo auf ihrer Reise zu Jupiter aufgenommen wurde, zeigt die zernarbte Mondoberfläche in verblüffender Deutlichkeit, vor allem in der Nähe des oberen Bildrandes: Die Krater dort sehen – von der Seite betrachtet – so aus, als ob aus dem Mond Brocken herausgebissen worden wären.

Die Aufnahme ist deshalb so besonders scharf, weil die elektronische Fotoplatte (Charge Coupled Device; Abk. CCD) an Bord von Galileo nicht nur das sichtbare Licht aufnimmt, sondern auch das für das menschliche Auge nicht mehr wahrnehmbare Licht eines Teils des infraroten Spektralbereichs. Unter anderen Einzelheiten, die dieses Foto klar erkennen läßt, befindet sich auch der von hellen Strahlen herausgeschleuderten Gesteins umgebene Krater am unteren Bildrand: der Einschlagkrater Tycho.

DER MENSCH AUF DEM MOND

Wie hätten wir widerstehen können? Um die ganze Welt ging dieses Bild des Astronauten Edwin „Buzz" Aldrin, aufgenommen am 20. Juli 1969 während der Mission Apollo 11. Der Astronaut Neil Armstrong, der dieses Foto machte, wählte die Kameraeinstellung mit Bedacht so, daß die Sichtscheibe von Aldrins Helm sowohl Armstrong als auch die Mondlandefähre spiegelt, in der sie auf dem Mond aufgesetzt hatten. Die beiden waren die ersten Menschenwesen, die den natürlichen Trabanten der Erde betraten; ihre Fußspuren, die auf der staubigen Mondoberfläche zu erkennen sind, werden dort jahrtausendelang erhalten bleiben, weil es auf dem luftlosen Mond keinen Wind gibt, der sie verwischen könnte.

Während Aldrin und Armstrong auf der Mondoberfläche Geschichte schrieben, verblieb Michael Collins, der Pilot der Kommandoeinheit, in der Apollo-11-Raumkapsel auf einer Umlaufbahn um den Mond und wartete dort auf die Rückkehr der beiden.

DER KRATER KOPERNIKUS

Galileo Galilei hätte dieses Bild sicher gefallen. Aufgenommen wurde es vom Raumschiff Lunar Orbiter 5 im August 1967. Es zeigt den Rand des Kraters Kopernikus, der einen Durchmesser von 93 km hat und im Mare Imbrium liegt, dem dunklen Bereich im Nordteil der sichtbaren Mondoberfläche. Auf diesem Foto zu erkennen sind der flache Kraterboden, ein Hügel in der Mitte, der Kraterrand und die Strahlensysteme aus Gestein, das in die Umgebung hinausgeschleudert wurde – die typischen Merkmale eines Einschlagkraters.

DAS MAXIMUM AUS DEM MOND HERAUSGEHOLT

Wie man mit modernster Technik ein Maximum an Informationen aus einem Bild – oder einer Kombination von Bildern – herausholen kann, zeigt dieses Mondbild, das von der Raumsonde Galileo am 8. Dezember 1992 erstellt wurde. Als die in dieses Bild eingeflossenen Aufnahmen gemacht wurden, war die Sonde 425 000 km vom Mond und 69 000 km von der Erde entfernt. Die Sonde nahm eine Serie von fünfzehn verschiedenen Bildern mit drei verschiedenen Filtern auf, von denen jeder eine Lichtfarbe durchließ. Unterschiedliche Gesteinsarten reflektieren unterschiedliche Lichtfarben auf unterschiedliche Weise, so daß diese Bilder Aufschluß darüber geben, woraus der Mond besteht. Die Informationen aus all diesen Bildern wurden dann zu einem Bildmosaik des nahezu vollständigen Mondes (nur ein kleiner Teil des unteren Randes fehlt) zusammengefügt und anhand der Bilddaten der verschiedenen Filter so eingefärbt, daß sie einen Hinweis auf die Zusammensetzung der Gesteine an der Mondoberfläche ergeben.

Auf der Abbildung erscheinen unterschiedliche Gesteins- und Staubarten als unterschiedliche Farben. Rote Gebiete entsprechen im großen und ganzen Hochebenen, blaue und orangefarbene Flächen hingegen den Lavaströmen der tiefliegenden Maria, wobei bläulichere Maria titanreichere Lava enthalten als die orangefarbenen Maria. Das Mare Tranquillitatis ist ein dunkelblauer Fleck nahe dem rechten Bildrand, und das Mare Serenitatis ist ein kleinerer, kreisförmiger orangefarbener Fleck links oberhalb des Mare Tranquillitatis. Kleine purpurrote Farbkleckse sind Ablagerungen, die explosionsartige Vulkanausbrüche vor langer Zeit hinterlassen haben, und der deutlich erkennbare Krater Tycho am unteren Bildrand mißt 85 km im Durchmesser und ist durch einen Einschlag in jüngerer Zeit entstanden.

Galileo bewegte sich auf einer stark gewundenen Flugbahn auf Jupiter zu, flog dabei einmal an der Venus und zweimal an der Erde vorbei, um schneller zu werden, und das ist der Grund, warum Bilder wie dieses auf die frühen neunziger Jahre zurückgehen, obwohl die Raumsonde bereits im Jahre 1989 gestartet war (*siehe auch* S. 12).

DER ROTE PLANET

Dies ist keine Falschfarbenaufnahme – Mars ist in der Tat der rote Planet. Er ist größer als der Mond und hat eine ausreichend starke Anziehungskraft, daß eine dünne Atmosphäre ihn einhüllt. Da es aber auf dem Mars kein Leben gibt und auch nichts, was der starken Verwitterung in der dickeren, wasserreicheren Erdatmosphäre entspricht, sind die narbenartigen Krater auf seiner Oberfläche besser zu sehen als die auf unserem Heimatplaneten. Das Ausmaß dieser Verkraterung in weit zurückliegender Zeit zeigt, daß der Meteoritenregen, der auf die inneren Planeten niederprasselte, als das Sonnensystem noch jung war, sogar bis zu Mars ganz weit draußen reichte, dessen mittlerer Sonnenabstand eineinhalbmal größer ist als der mittlere Abstand Erde-Sonne. Im Gegensatz zu Merkur und dem Mond weist Mars jedoch auch eine Handvoll hoher Vulkane auf, von denen jeder größer ist als jeder Vulkan auf der Erde, sowie eine Vielzahl kleinerer Vulkane. Der größte davon, Olympus Mons, ist etwa 26 km hoch (also dreimal so hoch wie der Mount Everest auf der Erde) und hat am Fuß einen Durchmesser von 600 km. Da seine Hänge ziemlich frei von Kratern sind, muß er – nach geologischen Zeitbegriffen – ein relativ junger Vulkan sein, der noch vor 100 Millionen Jahren ausbrach, also zu jener Zeit, in der sich die Dinosaurier auf der Erde tummelten. Olympus Mons ist ein sog. Schildvulkan vom selben Typ wie die Hauptinsel von Hawaii, enthält jedoch genug Gesteinsmasse, um hundert gleich große Kopien dieser Insel entstehen zu lassen.

Vulkaneruptionen haben das Aussehen großer Bereiche der nördlichen Marshalbkugel verändert, deren Aussehen aber auch von Kanälen geprägt wird, die so aussehen, als hätte fließendes Wasser sie – wie Canyons – zu der Zeit eingeschnitten, als der Planet noch jung und von einer dickeren Atmosphäre umhüllt war (wir wissen, daß diese Kanäle sehr alt sind, denn viele Krater durchschneiden sie quer). Im Gegensatz dazu ist die südliche Marshalbkugel stark verkratert und hat sich – ebenso wie die Merkur- und die Mondoberfläche – anscheinend seit der Frühphase des Sonnensystems kaum verändert.

DAS ERSTE MARSERKUNDUNGSFAHRZEUG

Das winzige Fahrzeug namens Sojourner, das etwa so groß wie ein Schuhkarton war, schlug die Phantasie von Millionen Menschen in seinen Bann, als es im Rahmen des Pathfinder-Programms 1997 als erstes bewegliches Erkundungsgerät auf der Marsoberfläche herumfuhr. Es war das erste Exemplar eines neuen Typs von Planetensonde, der nach dem Motto „schneller, billiger, besser" entwickelt wurde. Im Fall von Pathfinder hieß „billiger" soviel wie rund 150 Millionen Dollar – und das ist, wie NASA-Experten gerne erklären, etwa soviel, wie die Produktion eines Blockbuster-Films kostet. Die nächste Marssonde, Mars Global Surveyor, erreichte in der zweiten Hälfte des Jahres 1997 eine Umlaufbahn um den roten Planeten. Sie sollte im Jahre 1999, wenn sie sich allmählich in eine planetennahe Umlaufbahn heruntermanövriert hat, mit der Kartographierung der Marsoberfläche mit allen Einzelheiten beginnen.

Auf diesem Foto, das von den Bordkameras der Pathfinder-Landefähre, die Sojourner auf dem Mars absetzte, aufgenommen wurde, sitzt das kleine Marsauto auf der Mermaid Dune, einem Gebiet mit dunklem Gestein, das von helleren Bereichen der Marsoberfläche umgeben ist. Die Fahrspuren des Marsautos sind im Vordergrund als dunklere Streifen zu erkennen. Sojourner arbeitete drei Monate lang auf der Marsoberfläche (und damit zwölfmal so lang wie seine auf sieben Tage berechnete Lebenszeit) und sandte 550 Bilder zur Erde; die Marssonde Pathfinder selbst (die inzwischen einen neuen Namen, nämlich Sagan Memorial Station – zu Ehren des verstorbenen Carl Sagan – bekommen hat, arbeitete genauso lange auf dem Mars (ihre Lebenszeit war ursprünglich auf einen Monat berechnet worden) und sandte über 16 000 Bilder sowie technische Daten über die Bedingungen auf der Marsoberfläche zur Erde.

BILDTAFEL 25

EIN MARSPANORAMA

So würden Sie die Marsoberfläche sehen, wenn Sie nicht nur im Gesicht, sondern auch am Hinterkopf Augen hätten. Die Abbildung ist eine Panoramaaufnahme über volle 360°, die von der Pathfinder-Kamera über drei Marstage hinweg erstellt wurde, damit in allen erfaßten Oberflächengebieten dieselben Licht- und Schattenbedingungen herrschen. Das Marsfahrzeug Sojourner ist knapp rechts von der Bildmitte zu erkennen; sein Vorderteil hat Kontakt mit einem Gesteinsbrocken namens Yogi, so daß seine Sensoren die chemische Zusammensetzung des Gesteins analysieren können. Drehen Sie das Buch um 90° nach rechts, so daß die Pathfinder-Plattform die Bildunterkante bildet. Richten Sie nun den Blick auf Sojourner und Yogi, und stellen Sie sich vor, daß der rechte und linke Bildrand seitlich um Ihren Kopf herumgebogen werden, bis sie sich berühren: So bekommen Sie eine Vorstellung vom Rundblick, der sich von der Pathfinder-Sonde aus bietet.

Zu erkennen sind auf diesem Bild auch die Fahrspuren von Sojourner: Sie führen von der Rampe, über die das Fahrzeug von Pathfinder auf den Marsboden gelangte, am ersten (als Barnacle Bill bezeichneten) untersuchten Gesteinsbrocken vorbei.

GEOLOGISCHE AKTIVITÄT AUF DEM MARS

Obwohl schon mehr als zwei Jahrzehnte vergangen sind, seit die Viking-Sonden dem Mars ihre Besuche abstatteten, zerbrechen sich die Wissenschaftler immer noch die Köpfe über der Auswertung der Datenfülle, die diese zur Erde übermittelten. Dieses erst 1995 von der NASA veröffentlichte Bild kam unter Zuhilfenahme der gängigen Methode zustande, das heißt, die Kameras an Bord von Viking Orbiter nahmen Mars durch drei verschiedene Farbfilter auf. In diesem Falle wurden Daten aus diesen drei Aufnahmen zu einem den echten Farben mehr oder weniger entsprechenden Kompositbild eines Oberflächendetails, das den Namen Syria Planum trägt, zusammengefügt. Dieses Gebiet weist deutliche Spuren geologischer Aktivität auf, darunter Vulkane sowie Brüche und Gesteinsfaltungen, die durch Bewegungen der Marskruste entstanden sind. Die Farbunterschiede zwischen den verschiedenen Bereichen kommen dadurch zustande, daß sie jeweils unterschiedliche Mengen angewehten Sandes aufweisen, und weil vielleicht auch das Gestein selbst im Zuge seiner langsamen Verwitterung über Millionen Jahre hinweg seine Farbe verändert hat.

EIN MARSMOND

Mars hat zwei kleine Monde, Phobos und Deimos. Diese beiden Begleiter gleichen aber nicht unserem Mond, sondern sind bloß kosmische Abfallbrocken, die vom Mars in eine Umlaufbahn eingefangen wurden, statt auf seiner Oberfläche aufzuschlagen. Als solche sind sie typisch für die Objekte, die für die heute noch sichtbaren Einschlagkrater auf dem Mond und den weiteren inneren Planeten des Sonnensystems verantwortlich sind, und ähneln – höchstwahrscheinlich – jenem Objekt, das vor 65 Millionen Jahren auf der Erde aufschlug und dem Zeitalter der Dinosaurier ein Ende setzte.

Es gibt wenig Nahaufnahmen der Marsmonde, doch im Jahre 1971 flog die Raumsonde Mariner 9 an Phobos vorbei und fotografierte ihn aus einer Entfernung von 2140 km. Aus dem Bild ist klar ersichtlich, daß Phobos selbst im Laufe seiner Lebenszeit von kleineren Objekten bombardiert wurde. Seine Bahn ist instabil und nimmt langsam ab: In etwa 30 Millionen Jahren wird auch er auf Mars abstürzen und in der vernarbten Oberfläche des roten Planeten einen Krater von beachtlichen Ausmaßen hinterlassen.

Phobos ist ungefähr 27 x 21 x 19 km groß und braucht für einen kompletten Umlauf um Mars, den er in einem Abstand von 9380 km umkreist, 7 Stunden 40 Minuten. Da er somit schneller umläuft, als Mars sich um sich selbst dreht, sieht es von der Marsoberfläche aus, als ob sich Phobos über den Himmel rückwärts bewegt: Er geht nämlich im Westen auf und im Osten unter.

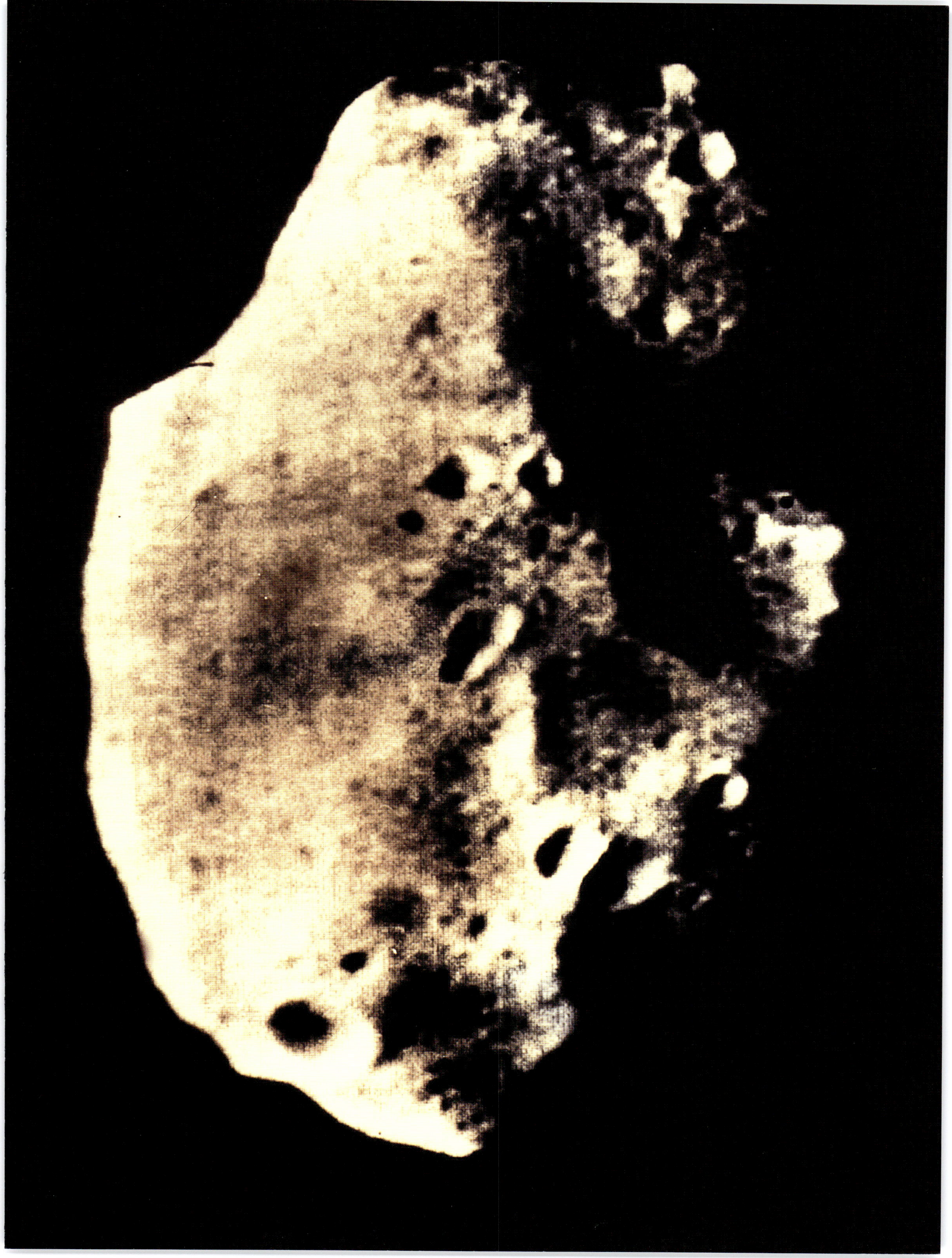

DER ASTEROID GASPRA

Schon auf den ersten Blick zeigt dieses Bild des Asteroiden 951 Gaspra, das die Raumsonde Galileo auf ihrer Reise zu Jupiter am 29. Oktober 1991 aufnahm, eine verblüffende Ähnlichkeit mit Phobos (Bildtafel 27). Gaspra ist ein typischer Vertreter des Asteroidengürtels zwischen den Bahnen von Mars und Jupiter und zudem auch ein typisches Beispiel für die Brocken kosmischen Schutts, die in der Frühzeit des Sonnensystems die inneren Planeten bombardierten. Mit den Abmessungen 19 x 12 x 11 km ist Gaspra etwas kleiner als Phobos. Das von der Sonne (von links her) erhellte Gebiet auf diesem Bild mißt von links oben bis rechts unten etwa 18 km.

Diese Abbildung ist ein Meisterstück der Datenverarbeitung und entstand aus dem Besten, was Galileo an Daten lieferte. Die Grundlage ist ein hochauflösendes Schwarzweißbild des Asteroiden, in das Farbinformationen aus drei Aufnahmen mit verschiedenen Farbfiltern zusätzlich eingearbeitet wurden. Mit bloßem Auge wären die feinen Farbverläufe auf dem Asteroiden nicht wahrnehmbar. Hier wurden Falschfarben verwendet und der Kontrast leicht übertrieben, um die verschiedenen Regionen der Gaspra-Oberfläche hervorzuheben. Die blauen Flächen reflektieren stärker und absorbieren Licht bestimmter Wellenlängen; diese Art von Lichtabsorption ist charakteristisch für das Mineral Olivin, einen Halbedelstein hier auf der Erde. Solche Gebiete erstrecken sich vor allem entlang der Erhebungen auf Gaspra und um die sich am deutlichsten abzeichnenden (und daher vermutlich jüngeren) Krater. Leicht rötlich gefärbte Regionen werden mit relativ tiefgelegenen Bereichen in Verbindung gebracht und reflektieren weniger stark. Man erklärt sich diese Unterschiede damit, daß in den blauen Gebieten das Untergrundgestein zum Vorschein kommt, wogegen sich in den rötlichen Regionen staubartige Zerfallsprodukte angesammelt haben.

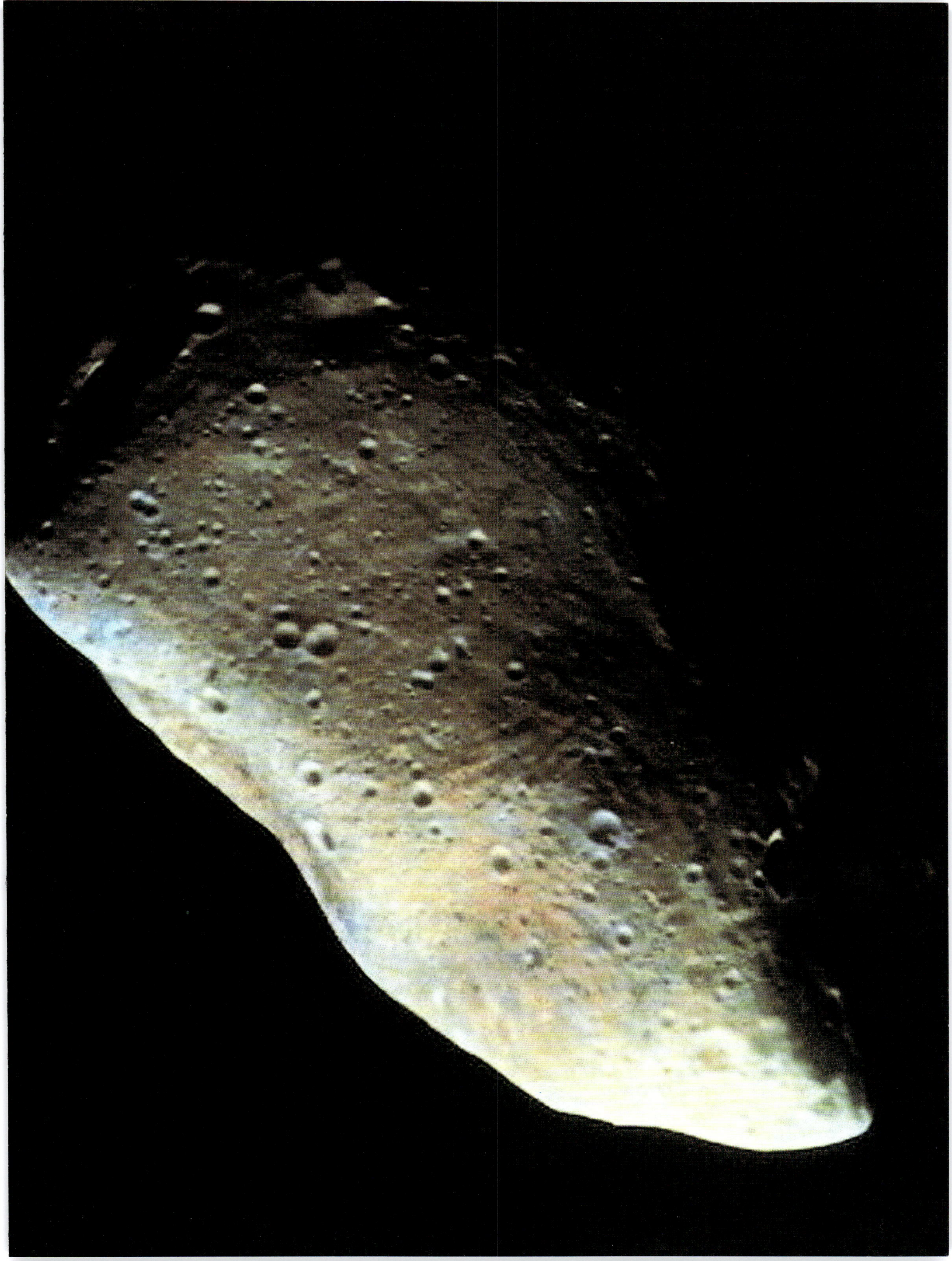

EINE KOMETARISCHE PERLENSCHNUR

Die meisten Kometen kreisen in der Oortschen Wolke auf ganz weit außen liegenden Bahnen um die Sonne, und wir bemerken sie überhaupt nur dann, wenn sie in Richtung zur Sonne hereinstürzen, dabei die Jupiterbahn kreuzen und so warm werden, daß sie einen leuchtenden Gasschweif hinter sich herziehen (*siehe* S. 25). Der spektakulärste dieser Besucher in jüngster Zeit (nach astronomischen Maßstäben) war der von Carolyn und Gene Shoemaker und David Levy im März 1993 entdeckte, mit bloßem Auge jedoch zu keiner Zeit sichtbare Komet. Da er der neunte Komet war, der von diesem Team entdeckt wurde, bekam er die offizielle Bezeichnung Shoemaker-Levy 9, ist aber für jedermann *der* Shoemaker-Levy. Er flog so nahe an Jupiter vorbei, daß der aus Eis und Gestein bestehende Kometenkern durch die Anziehungskraft des Riesenplaneten auseinandergerissen und zu einer „Perlenschnur" wurde, von der 21 „Perlen" auf dieser Aufnahme der Wide Field Planetary Camera des Hubble-Weltraum-Teleskops zu sehen sind. Die Länge der hier abgebildeten Perlenschnur beträgt 1,1 Millionen Kilometer, das ist das Dreifache der Entfernung Erde-Mond. Die größten Stücke in dieser Perlenschnur hatten Durchmesser von zwei bis vier Kilometern. Die gesamte Kette der Kometenbruchstücke umrundete Jupiter einige Male und stürzte im Juli 1994 in einem Feuerwerk gewaltiger Einschläge auf den Planeten.

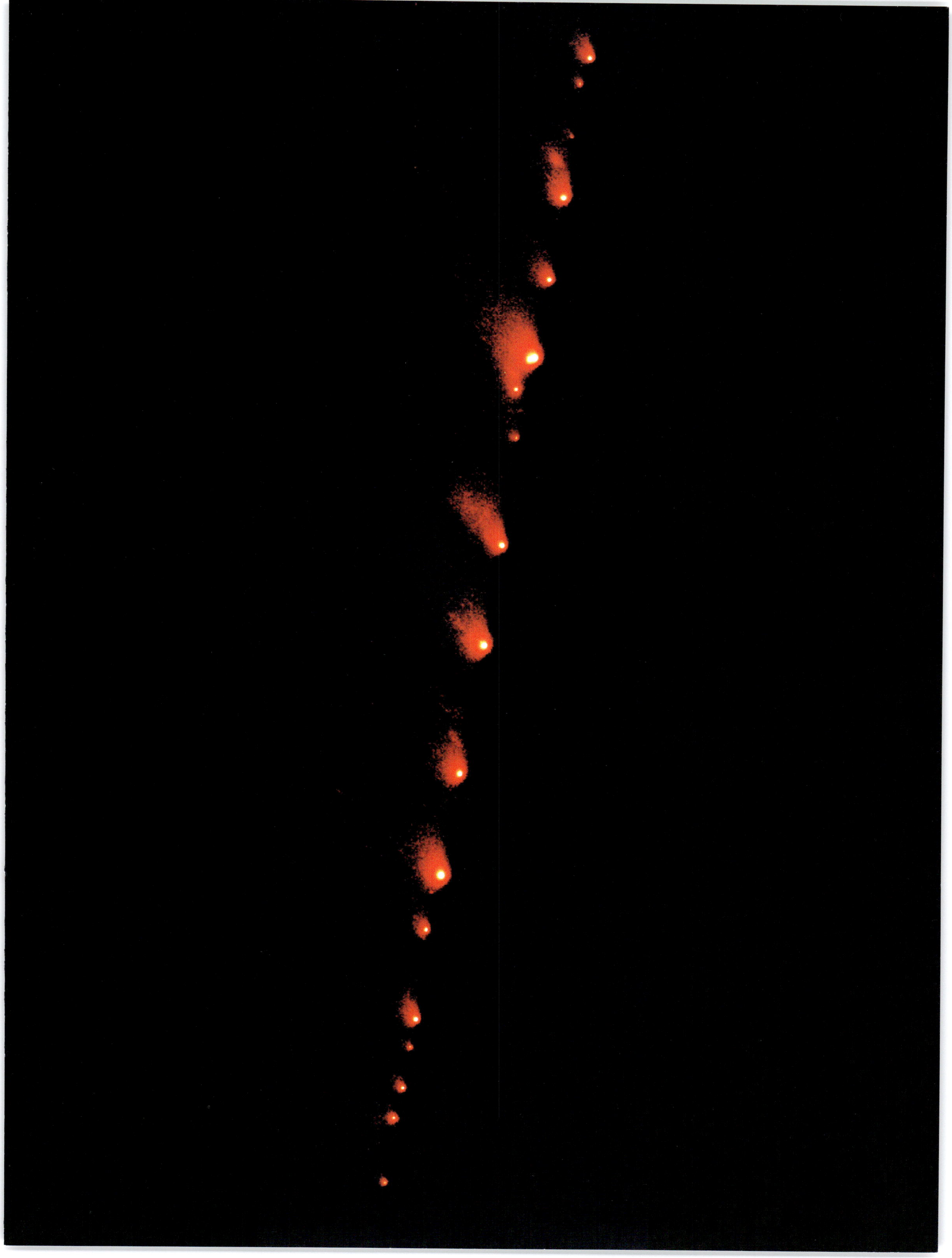

DAS HERZ EINES KOMETEN

Das Bild rechts wurde von der Raumsonde Giotto aufgenommen, als sie im März 1986 am Kern des Halleyschen Kometen bei seinem jüngsten Durchgang durch das innere Sonnensystem vorüberflog. Noch nie vorher oder seitdem wurde ein Kometenkern aus so geringer Entfernung fotografiert. Die Raumsonde kam zwar bis auf 596 km an den Kometenkern heran und übermittelte ständig wissenschaftliche Daten, doch ihre Kameras wurden, bald nachdem dieses Foto aus einer Entfernung von 6500 km gemacht worden war, 95 Sekunden vor Erreichen des geringsten Abstandes von einem Brocken kometarischer Materie getroffen und außer Gefecht gesetzt.

Die Bilder und weitere zur Erde übermittelte Daten zeigten, daß der Kometenkern – wie erwartet – ein Klumpen aus gefrorenen Substanzen ist. 80 Prozent seiner Masse bestehen aus Wassereis. Jedoch war für die meisten Astronomen die Beobachtung eine Überraschung, daß große Gesteinsbrocken im Eis eingebettet sind – der Kern also eigentlich kein fliegender Schneeball, sondern ein vereister Steinhaufen ist. Verblüffend war für sie auch die dunkle Oberfläche (der dunkle Kern ist oben links im Bild gerade noch sichtbar; was man darauf als hellen Schein sieht, ist Gas, das aus dem Kern heraus- und von ihm wegströmt. Der Kern ist ein unregelmäßig geformtes Objekt mit den Abmessungen 16 x 8 x 8 km, was etwa der Größe der Insel Manhattan entspricht. Seine Oberfläche ist buchstäblich schwärzer als Kohle und reflektiert weniger als 4 Prozent der einfallenden Lichts. Dadurch ist der Kern sogar mit den leistungsfähigsten Teleskopen sehr schwer zu sehen, und weil die Astronomen angenommen hatten, daß er viel mehr reflektieren müßte, hatten sie die Größe des Kerns kleiner berechnet, als sie bei Giotto dann ermittelten. Die schwarze Oberfläche (die eine Fülle von Kohlenstoffverbindungen enthält) erklärt man sich heute so, daß sich jedesmal, wenn der Komet nahe an die Sonne herankommt (der Halleysche Komet kommt auf 0,6 AE an die Sonne heran, also sogar noch näher als die Venus) eine krustenartige Staubschicht bildet. Die Sonnenhitze führt dazu, daß der Komet aktiv wird, und das aus Rissen in der Oberfläche herausschießende Gas (das wir auf diesem Bild sehen) führt Staub mit. Wenn der Komet den sonnenfernsten Teil seiner Bahn durchläuft (beim Halleyschen Kometen ist das in einer Entfernung von 35 AE, außerhalb der Neptunbahn), setzt sich der schwarze Staub wieder auf der Oberfläche ab. Höchstwahrscheinlich sind andere Kometenkerne ebenso dunkel, reflektieren ebenso wenig Licht und wurden hinsichtlich ihrer Größe ebenso unterschätzt.

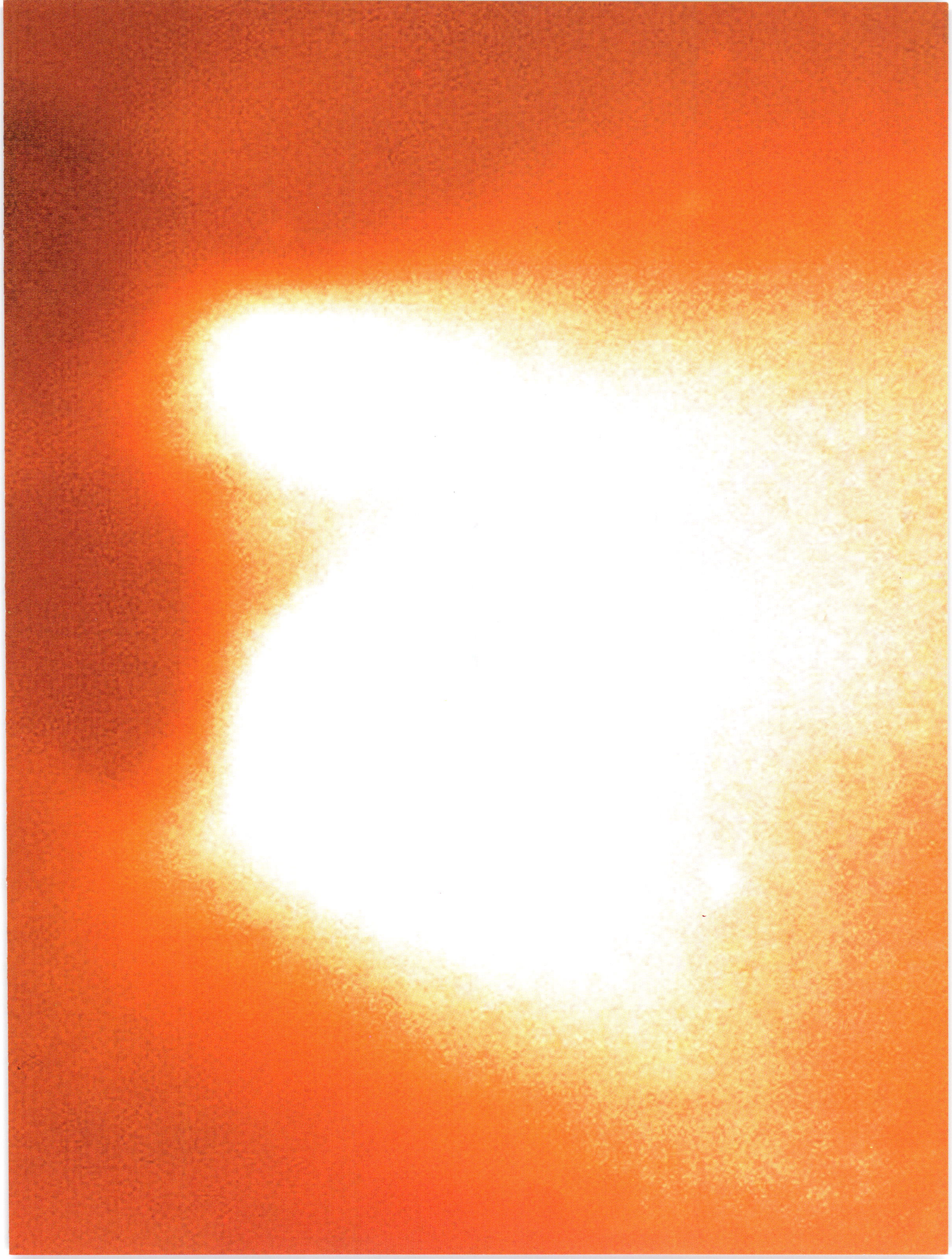

DER RIESENPLANET

Jupiter ist mit Abstand der größte Planet im Sonnensystem, so groß, daß etwas mehr als 1400 Erdkugeln in ihm Platz fänden. Jupiter ist der sonnennächste der riesigen Gasplaneten, die – wie die Sonne – fast nur aus Wasserstoff und Helium bestehen und keine feste Oberfläche haben wie die Erde und die erdähnlichen Planeten.

Der massereiche Planet Jupiter beherrscht das Sonnensystem und hilft, wie manche glauben, das Leben auf der Erde zu schützen. Der Planet wirkt nämlich wie ein riesiger kosmischer Staubsauger, der viele Kometen und Asteroiden einfängt, bevor sie in das Innere des Sonnensystems eindringen können, und verhindert dadurch, daß sie auf die Erde fallen. Eine solche Einfangaktion war in jüngster Zeit zu beobachten, als der Komet Shoemaker-Levy auf Jupiter abstürzte (*siehe* Bildtafel 29).

Man vermutet auch, daß Jupiter für die Entstehung des Asteroidengürtels verantwortlich ist. Man stellt sich das so vor, daß seine starke Schwerkraft Gesteinsbrocken in den Asteroidengürtel gezogen oder abgedrängt und damit verhindert hat, daß diese sich zusammenballten und einen Planeten bildeten. Was wir heute dort sehen, sind die Überreste eines mißglückten Planeten.

Jupiter ist so groß, daß er sein eigenes Mini-„Sonnensystem“ besitzt. Dazu gehören insbesondere die vier riesigen Galileischen Monde (drei von ihnen sind größer als unser Mond) und zwölf weitere bereits nachgewiesene Begleiter, von denen viele kaum mehr sind als eingefangene Asteroiden. Dieses Bild der Raumsonde Voyager I zeigt die beiden interessantesten Galileischen Monde – Io und Europa, von denen noch sehr viel die Rede sein wird – bei ihrem Vorüberflug an der Jupitervorderseite. Io (am unteren Bildrand) überfliegt gerade den Großen Roten Fleck, eine gewaltige Störung der Jupiteratmosphäre.

ZWEI ANSICHTEN VON EUROPA

Dieses Doppelbild zeigt Europa, einen der Jupitermonde, und liefert ein eklatantes Beispiel für die Fülle von Einzelheiten, die aus den von Galileo zur Erde übermittelten Bildern hervorgehen. Durch die beiden leicht unterschiedlichen Bildwiedergaben lassen sich auch die Wirkungen jener speziellen Falschfarbenaufbereitung zeigen, die üblicherweise dann zur Anwendung kommt, wenn Einzelheiten von besonderem Interesse deutlich zum Vorschein kommen sollen.

Wenn Sie das Buch um 90° im Uhrzeigersinn drehen, so daß die Bilder nebeneinanderstehen, entspricht das rechte annähernd den natürlichen Farben Europas, wie sie das menschliche Auge ohne Hilfsmittel wahrnehmen würde. Das linke Bild ist eine farbverstärkte Version, aus der die Unterschiede zwischen den verschiedenen Gesteinen, aus denen sich die Kruste dieses Mondes zusammensetzt, noch deutlicher ersichtlich sind.

Europa ist dem Wesen nach eine weiche Eiskugel (das weichste Objekt, das im Sonnensystem bisher entdeckt wurde) mit Felseinschlüssen. Die dunkelbraunen Gebiete sind felsiges Material, das zum Teil aus dem Inneren Europas stammen dürfte und zum Teil von Asteroiden, die auf den Mond gestürzt sind. Die hellen Ebenen in den Polgebieten an der Ober- und Unterseite des linken Bildes sind in verschiedenen Blautönen so bearbeitet, daß Gebiete aus grobkörnigem Eis (dunkelblau) sich von Gebieten mit feinkörnigerem Eis (hellblau) unterscheiden lassen. Die unglaublich feinen Linien, die nur 20-40 km breit sind und das Eis wie Adern durchziehen, sind Brüche in der Oberfläche und in manchen Fällen über 3 000 km lang. Sie sehen aus wie die Sprünge, die eine Murmel aus Glas aufweist, wenn man mit einem Hämmerchen daraufschlägt – aber niemand hat bisher mit Sicherheit sagen können, wodurch sie entstanden sind. Ein Beweis dafür, daß Europa in der Tat Schläge aus dem Weltall abbekommt, ist rechts und links unten auf dem Bild zu sehen: ein junger Einschlagkrater mit einem Durchmesser von etwa 50 km. Die plausibelste Erklärung für das Fehlen von Kratern auf dem weitaus größten Teil der Oberfläche lautet, daß flüssiges Wasser aus dem Mondinneren nach außen gedrungen ist und die Krater mit Eis gefüllt hat. Das Auftreten einiger Oberflächenmerkmale läßt jedoch darauf schließen, daß zumindest ein Teil der Oberfläche über einen Zeitraum von mindestens 10 Millionen Jahren unverändert geblieben ist. Der Großteil der Oberfläche ist vermutlich jünger – vielleicht sogar viel jünger (*siehe auch* Legende zu Bildtafel 34).

Diese Aufnahme machte Galileo am 7. September 1996 aus einer Entfernung von 677 000 km (das ist etwas weniger als der doppelte Abstand Erde-Mond). Europa hat einen Durchmesser von 3 139 km und ist damit etwas kleiner als unser Mond. Für einen Umlauf um Jupiter braucht sie etwas mehr als 3,5 Tage.

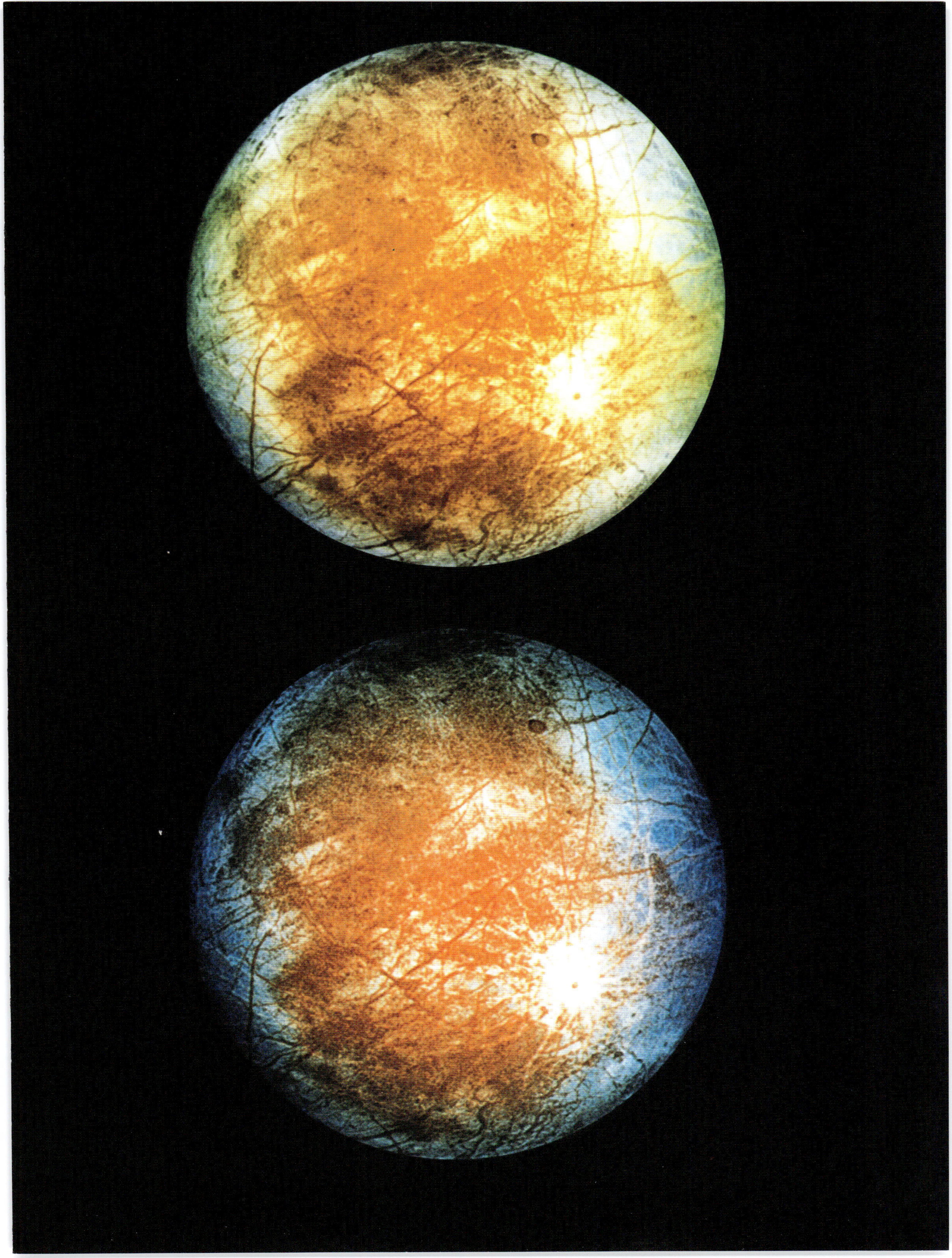

NAHAUFNAHME VON EUROPA

Diese Falschfarbenaufnahme zeigt das als Minos Linea bezeichnete Gebiet Europas genauer. Sie wurde am 28. Juni 1996 von der Raumsonde Galileo aufgenommen. Das erfaßte Gebiet mißt vom oberen zum unteren Seitenrand ungefähr 1 260 km, und das kleinste Detail, das die Geräte an Bord von Galileo gerade noch auflösen können, ist weniger als 2 km groß. Die wie Adern wirkenden Risse im Eis sehen aus, als wären sie mit Material gefüllt, das aus tieferen Schichten unterhalb der eisbedeckten Oberfläche hineingesickert ist. Europa hat mit an Sicherheit grenzender Wahrscheinlichkeit einen felsigen Kern unter der eisbedeckten Oberfläche, und zumindest zeitweise ist im Bereich dazwischen flüssiges Wasser vorhanden; wahrscheinlich wird es im Inneren durch die im festen Gestein durch Jupiter hervorgerufenen Gezeiten, die am Kern ziehen und zerren, erwärmt.

Die sichtbare Oberfläche ist eine von Rissen durchzogene Eisschicht über flüssigem Wasser, das von unten in ähnlicher Weise erwärmt wird, wie die aktiven untermeerischen Vulkane auf der Erde die Tiefsee erwärmen. Auf der Erde wirkten die Wärme und die Chemikalien, die von diesen Vulkanen erzeugt wurden, ähnlich wie ein geologischer Inkubator und ließen bizarre Lebensformen entstehen, die niemals die Sonne sehen; es ist zumindest möglich, daß es in den Tiefen der Ozeane Europas, weit unterhalb der sichtbaren Kruste, ähnliches gibt.

Nahaufnahmen, die im April 1997 und im Dezember 1997 von der Raumsonde Galileo übermittelt wurden (*siehe* Bildtafel 34), deuten darauf hin, daß ein großer Teil der Eisoberfläche jünger und dünner ist, als bisher vermutet wurde; die Bilder zeigen Eisberge und flache, aneinanderstoßende Eisblöcke. Sie sehen ganz ähnlich aus wie die Eisschollen in den Polarmeeren der Erde, die sich bilden, wenn im Frühling das Packeis auftaut.

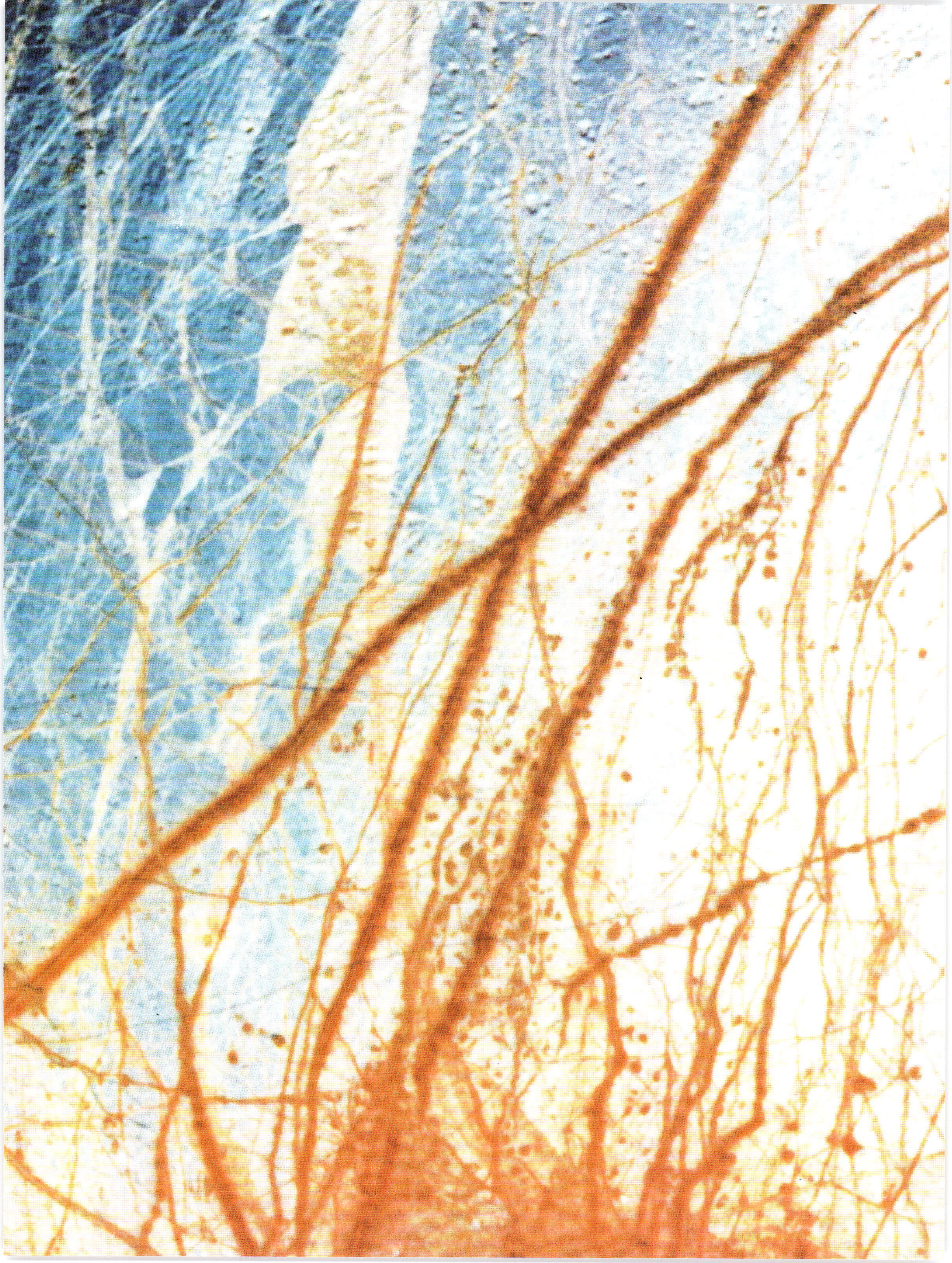

EUROPA AUS NÄCHSTER NÄHE

Die Raumsonde Galileo erwies sich als so langlebig und erfolgreich, daß sie nach Abschluß ihrer ersten, zwei Jahre dauernden Erkundungsreise durch das Jupitersystem auf eine weitere Reise zu den Jupitermonden geschickt wurde, die bis 1999 dauern sollte. Es war eines der vorrangigen Ziele dieser Anschlußmission, eine Aufnahme von Europa aus allernächster Nähe zu bekommen, und die Sonde überflog denn auch die Oberfläche dieses Mondes am 16. Dezember 1997 in geringer Höhe. Bei diesem Vorüberflug in einem Abstand von knapp 200 km entstand dieses Bild. Es ist der bisher deutlichste Beweis dafür, daß die sichtbare Oberfläche Europas lediglich eine Eiskruste ist, die einen Ozean flüssigen Wassers bedeckt. Derzeit wird geplant, irgendwann Anfang des 21. Jahrhunderts eine Sonde zu Europa zu schicken, die unter das Eis vordringen, als eine Art U-Boot arbeiten und in dem Meer unter dem Eis nach Spuren von Leben suchen soll.

Bis Ende 1997 hatte Galileo eine Datenmenge von einem Gigabyte und 1800 Bilder, darunter Hunderte von Nahaufnahmen der Jupitermonde, zur Erde übermittelt. Es war vorgesehen, daß sie noch siebenmal an Europa vorbeifliegen, aber auch Kallisto und Io neuerliche Besuche abstatten sollte.

IO, DER VULKANISCHE MOND

Die bisher wohl größte Überraschung in der Geschichte der Erforschung des Sonnensystems lieferten die Voyager-Sonden: Sie fanden aktive Vulkane auf Io, dem innersten der vier großen Monde, die um Jupiter kreisen. Heute ist klar, daß Io im gesamten Sonnensystem das Objekt mit der stärksten vulkanischen Aktivität ist. Seine Bahn hat einen so geringen Abstand zu Jupiter (lediglich 422 000 km, das ist fast genauso viel wie der Abstand Mond-Erde), daß die Gezeitenkräfte des Riesenplaneten den Mond rhythmisch zusammendrücken und dadurch in seinem Inneren Wärme erzeugen. Diese innere Erwärmung bewirkt die vulkanische Aktivität. Das aus dem Inneren des Mondes sich ergießende Gestein enthält viel Natrium, das eine Wolke um den Mond bildet; die auffällige Färbung der Oberfläche, die hier zu sehen ist, wird durch Schwefel und Schwefelverbindungen verursacht, die sich infolge der Vulkanausbrücke über die Oberfläche gebreitet haben.

Das Bild stammt von der Raumsonde Galileo und entstand durch die Einfügung von Farbdaten, die mit Hilfe von drei verschiedenen Filtern am 7. September 1996 gewonnen wurden, in ein hochauflösendes Schwarzweißbild vom 6. November 1996. Die Farben sind im wesentlichen natürlich, wurden aber leicht verstärkt, um die Kontraste zwischen verschiedenen Oberflächenbereichen hervorzuheben. Die Farbdaten wurden ermittelt, als die Sonde einen Abstand von 487 000 km zu Io hatte, und die Feindaten wurden aus einer Serie von Bildern gewonnen, die aus Entfernungen von 245 719 km bis 403 100 km aufgenommen worden waren. Die kleinsten erkennbaren Details in diesem zusammengesetzten Bild sind ungefähr 2,5 km groß. Unter vielen anderen Details fällt knapp rechts von der Bildmitte ein Vulkan ins Auge, von dem sich eine schwarze Spur aus ausgeworfenem Gestein ergießt. Knapp oberhalb davon hat ein anderer Vulkan rötliche, schwefelhaltige Gesteine ausgespien und die Umgebung damit bedeckt.

Io hat einen Durchmesser von 3 630 km (zum Vergleich: 3 476 km bei unserem Mond) und eine zwanzig Prozent größere Masse als unser Mond, was zeigt, daß er weitgehend aus Gestein besteht. Ebenso wie unser Mond wendet er, während er auf seiner Bahn dahinzieht, seinem Mutterplaneten stets dieselbe Seite zu. Das Bild zeigt die Rückseite, also die von Jupiter abgekehrte Seite.

DIE ÜBRIGEN GALILEISCHEN MONDE

Als Galilei Anfang des 17. Jahrhunderts den Himmel durch sein Teleskop betrachtete, entdeckte er nicht nur die Unvollkommenheiten der Mondoberfläche, sondern auch, daß Jupiter von vier großen Monden begleitet wird, die man als Galileische Monde bezeichnet. Das Bild des von seinen Monden umkreisten Jupiters war hilfreich bei der Entwicklung des Gedankengangs, daß die Planeten – darunter unsere Erde – in gleicher Weise um die Sonne kreisen. Das Jupitersystem wurde – und wird – als eine Art Sonnensystem in Minatur gesehen. Heute wissen wir, daß Jupiter von einer mindestens 16 Monde umfassenden Familie (sowie von einem schwach ausgebildeten Ringsystem) umgeben ist, was die Ähnlichkeit mit dem Sonnensystem noch verstärkt. Die vier Galileischen Monde sind jedoch bei weitem die größten und wichtigsten unter den Jupitermonden; einige der kleineren Monde sind – wie auch die beiden Marsmonde – vermutlich nichts anderes als eingefangene Brocken kosmischen Abfalls.

Zwei der Galileischen Monde, Europa und Io, wurden bereits behandelt. Hier sind nun die anderen beiden. Wenn Sie das Buch um 90° im Uhrzeigersinn drehen, sehen Sie links im Bild Ganymed und rechts Kallisto. In der Reihenfolge ihrer Entfernung von Jupiter kommt zuerst Io, gefolgt von Europa, Ganymed und Kallisto. Ganymed ist mit einem Durchmesser von 5 262 km der größte von ihnen (ja sogar der größte Mond im gesamten Sonnensystem; er ist größer als der Planet Merkur); er hat eine sehr geringe Dichte, die nicht einmal doppelt so hoch ist wie die von Wasser, und besteht zum Großteil aus Eis. Kallisto weist eine ähnlich geringe Dichte auf, besteht ebenso weitgehend aus Eis und ist mit einem Durchmesser von 4 800 km etwas kleiner als Ganymed (und fast genau gleich groß wie Merkur). Die beiden hier abgebildeten Monde sind weniger aktiv als die beiden inneren Galileischen Monde, weil sie von Jupiter weiter entfernt sind und daher schwächere Gezeitenkräfte auf sie einwirken.

Es hat jedoch auf Ganymed irgendeine innere Aktivität gegeben, die in der Zeit seit seiner Entstehung die Oberfläche zum Teil neu gebildet hat. Kallisto, der noch weiter von Jupiter entfernte Mond, läßt keinerlei Spuren innerer Aktivität erkennen und scheint seine ursprüngliche Oberfläche beibehalten zu haben; sie ist heute vollständig bedeckt von alten Einschlagkratern. Dies und andere Dinge lassen darauf schließen, daß die Galileischen Monde auf Bahnen, in deren Mittelpunkt Jupiter stand, aus einer Scheibe Urmaterie auf ganz ähnliche Weise entstanden wie die Planeten in Umlaufbahnen um die Sonne.

DER GROSSE ROTE FLECK

Um komplett zu sein, muß jede Bildserie über das Jupitersystem eine Nahaufnahme des Großen Roten Flecks (GRF) enthalten. Dieser Fleck ist eigentlich ein riesiges Wettersystem in der Jupiteratmosphäre und entspricht den Hochdruckgebieten (Antizyklonen), die über die Erdoberfläche ziehen. Dieser Antizyklon ist jedoch dreimal so groß wie die gesamte Erde, und die Winde, die ihn umgeben, wehen seit mindestens drei Jahrhunderten – erstmals wurde der Große Rote Fleck nämlich bereits im Jahre 1664 von Robert Hooke beobachtet.

Diese Aufnahme machte die Raumsonde Voyager 2 am 6. Juli 1979 aus einer Entfernung von 2 633 003 km.

DIE SATURNRINGE

Zwar hatte schon Galilei mit seinem astronomischen Teleskop erkennen können, daß der Planet Saturn irgendwie seltsam aussah, als ob er an beiden Seiten eine Ausbeulung aufweise, doch erst um 1655 entdeckte der niederländische Astronom Christiaan Huygens mit einem verbesserten Teleskop, das er zusammen mit seinem Bruder Constantijn gebaut hatte, daß Saturn von einem dünnen, flachen Ring umgeben ist und daß es einen klar sichtbaren Zwischenraum zwischen dem Ring und dem Planeten gibt. Spätere Beobachtungen von Giovanni Cassini (1675) zeigten, daß es eine Lücke in den Ringen gibt, die heute noch als Cassinische Teilung bezeichnet wird. Die wahre Natur der Ringe wurde jedoch erst 1859 erkannt, als der schottische Physiker James Clerk Maxwell in einer seiner frühen wissenschaftlichen Arbeiten bewies, daß die Ringe keine festen Körper sein können, weil sie sonst von den Gezeitenkräften auseinandergerissen würden; sie müssen aus Myriaden winziger Teilchen bestehen, von denen jedes einzelne – wie ein winziger Mond – auf einer eigenen Bahn um Jupiter kreist.

Gut erkennbar ist die Feinstruktur dieser Ringe auf Bildern wie diesem, das von der Raumsonde Voyager 1 am 13. November 1980 aufgenommen wurde, als sie auf ihrer Reise aus dem Sonnensystem hinaus aus einem Abstand von 1,5 Millionen km auf Saturn zurückblickte. Die Belichtung wurde so gewählt, daß Einzelheiten der Ringe zum Vorschein kommen. Das Aussehen des Ringsystems erinnert an die Rillen einer alten Schallplatte, aber jede „Rille" besteht aus vielen winzigen Möndchen, die im wesentlichen auf derselben Bahn um Saturn kreisen.

Es war derselbe Maxwell, der die Technik der Farbbilderstellung aus drei Schwarzweißaufnahmen, die mit drei verschiedenen Farbfiltern gemacht wurden, erfand. Bilder wie dieses, das mit Hilfe der von Maxwell erfundenen Aufnahmetechnik zustande kam, bestätigen die von Maxwell schon vor über hundert Jahren vorhergesagte Struktur der Ringe.

DER PLANET MIT DEN RINGEN

Dieses farbverstärkte Saturnbild zeigt die deutlich abgeflachte Form des Planeten inmitten seines Ringsystems. Saturn ist nahezu zehnmal größer als die Erde und hat einen Äquatordurchmesser von 120 660 km (er ist damit nach Jupiter der zweitgrößte Planet im Sonnensystem), dreht sich aber so schnell um seine eigene Achse (seine Rotationsperiode, d. h. der Saturntag, dauert nur 10 Stunden 14 Minuten), daß die Fliehkräfte ihn stark abplatten: Sein Durchmesser von Pol zu Pol ist daher zehn Prozent kleiner als der Äquatordurchmesser. Der äußerste hier sichtbare Rand des Ringsystems hat einen Durchmesser von 272 400 km – die Ringe sind jedoch nur etwa 100 m dick, das ist unglaublich dünn im Verhältnis zu ihrem Durchmesser. Die beiden wichtigsten Ringe, die Cassini bereits vor über 300 Jahren entdeckte, werden als Ring A (außen) und Ring B (innen) bezeichnet; zwischen diesen beiden liegt die Cassinische Teilung, eine 3 500 km breite Lücke (das ist ungefähr dieselbe Breite wie die der Vereinigten Staaten von Nordamerika vom Atlantik bis zum Pazifik).

Diese Aufnahme stammt von einer der Voyager-Sonden, doch es läßt sich in den NASA-Archiven nicht mehr feststellen, welche der beiden Voyager-Sonden es war. Auch das Aufnahmedatum und die Entfernung der Sonde von Jupiter zu diesem Zeitpunkt wissen wir nicht mehr. Drei der Saturnmonde (Tethys, Dione und Rhea) zeichnen sich vor dem schwarzen Hintergrund ab, und ein vierter – Mimas – zieht gerade an der Vorderseite von Jupiter vorbei; er ist auf dem Bild rechts oberhalb des Ringsystems als dunkler Fleck zu erkennen. Saturn hat mindestens zwanzig Monde (in dieser Zahl unberücksichtigt sind die Riesenmengen winziger Möndchen, aus denen das Ringsystem besteht), und es werden immer noch weitere entdeckt.

EIN SCHWARZWEISSER MOND

Die Saturnmonde sind genauso unverwechselbar und fremdartig wie die Jupitermonde. Wie bei den Jupitermonden stellte sich auch bei ihnen anläßlich der ersten Erforschung durch Raumsonden nämlich heraus, daß sie in keiner Weise dem entsprachen, was sich die Astronomen auf Grund der begrenzten, von Teleskopen auf der Erdoberfläche gelieferten Informationsmengen vorgestellt hatten. Der hier abgebildete Iapetus ist der äußerste große Saturnmond und eines der kuriosesten Objekte im ganzen Sonnensystem. Für eine Umrundung Saturns in einem mittleren Abstand von 3 560 000 km (weit außerhalb des Ringsystems) braucht er 79 Tage. Er hat einen Durchmesser von 1600 km. Das alles ist nichts Besonderes; aber die eine Seite des Mondes (die Halbkugel, die in der Flugrichtung des Mondes vorne liegt) ist tiefschwarz, als ob sie von Teer oder Asphalt bedeckt wäre. Sie reflektiert so wenig Licht, daß die Kameras an Bord von Voyager 2 keinerlei Einzelheiten des Geländes ausmachen konnten. Die andere Seite von Iapetus, die auf dieser Abbildung zu sehen ist, ist hell – d. h. stark reflektierend –, und es sieht so aus, als ob ihre von großen Einschlagkratern vernarbte Oberfläche aus schmutzigem Eis und Schnee bestünde. Niemand weiß, warum die beiden Halbkugeln so verschieden aussehen.

Voyager 2 machte diese Aufnahme am 22. August 1981. Die kleinsten erkennbaren Bodenauflösungs-Elemente (Pixels) sind etwa 15 km groß; kleinere Elemente sich nicht mehr zu unterscheiden, weil Voyager 2 nie näher als auf ca. eine Million Kilometer (das ist mehr als der doppelte Abstand Erde-Mond) an Iapetus herankam. Dieser rätselhafte Mond ist eines der vorrangigen Ziele der Cassini-Sonde, die im Jahre 2004 im Saturnsystem eintreffen soll.

EINE WEITERE HEIMAT DES LEBENS?

Auf den ersten Blick scheint dies das am wenigsten ansprechende Bild in diesem Buch zu sein. Und doch zeigt es einen der interessantesten und möglicherweise aufregendsten Orte im Sonnensystem: Titan, den größten der Saturnmonde und gleichzeitig den Ort, an dem außerhalb der Erde mit der größten Wahrscheinlichkeit Leben anzutreffen ist. Titan braucht für eine Umrundung seines Mutterplaneten in einer Entfernung von 1 222 000 km 15 Tage. Er hat einen Durchmesser von 5 150 km und eine sehr dichte Atmosphäre (so dicht, daß der Luftdruck an seiner Oberfläche das Eineinhalbfache des Luftdrucks an der Erdoberfläche beträgt). Die Titanatmosphäre besteht zum Großteil aus Stickstoff, enthält aber auch Methan und Ammoniak. Sie hüllt den Mond in einen orangefarbenen Dunst (siehe Abbildung) ein, der komplexe, durch Blitzschlag in der chemischen „Suppe" der Atmosphäre entstandene organische Moleküle enthält. Lassen Sie sich aber durch das Wort „organisch" nicht irreführen: Ein Chemiker versteht unter „organischen Molekülen" komplexe Verbindungen, die Kohlenstoff enthalten. Diese sind tatsächlich von Bedeutung für Lebensformen (z. B. für uns Menschen), die hauptsächlich Kohlenstoffverbindungen enthalten, sind aber für sich allein kein Beweis für die Existenz von Leben. Nichtsdestoweniger ist man der Meinung, daß die Bedingungen, die heute auf Titan herrschen (Stickstoff, Methan, Ammoniak und die Auswirkungen von Blitzen), in der Frühzeit des Sonnensystems auf der Erde vorhanden waren und möglicherweise zur Entstehung lebender Moleküle führten.

Auf der Erde gab es das Urmeer aus flüssigem Wasser, in dem sich die komplizierte Chemie des Lebens zusammenbraute. Titan ist sehr viel weiter von der Sonne entfernt und ein gefrorener Mond mit einer Oberflächentemperatur von minus 180° Celsius. Das bedeutet, daß sein gesamter Wasservorrat zu Eis erstarrt ist; daher bleiben die komplexen Moleküle, die Vorstufen des Lebens sein könnten, als orangefarbener Dunstschleier in der Atmosphäre. Von Titan Ende der achtziger Jahre reflektierte Radarimpulse lassen darauf schließen, daß es dort eine stellenweise flüssige Oberfläche geben könnte, vielleicht einen zähen Ozean aus einem Gemisch von flüssigem Methan und gefrorenem Wasser.

In ein paar Milliarden Jahren, wenn die Sonne am Ende ihrer Lebenszeit angekommen ist, wird sie sich vergrößern und zu einem sog. Roten Riesen werden. Die zunehmende Hitze des alternden Sterns wird die inneren Planeten des Sonnensystems verbrennen, Titan aber zum Leben erwecken, wenn er von der Eiseskälte befreit wird und vielleicht dieselbe Kette von Ereignissen durchläuft, die zur Entstehung von Leben auf der Erde geführt haben. In wesentlich näherer Zukunft könnten die Erkundungsreisen zu Titan Aufschluß darüber geben, wie die Erde aussah, als sie noch jung war, und was die Entwicklung von Leben auf unserem Heimatplaneten ausgelöst hat. Als nächster Schritt in diesem Forschungsprogramm wird die Cassini-Sonde eine kleine Kapsel namens Huygens in der Titan-Atmosphäre absetzen.

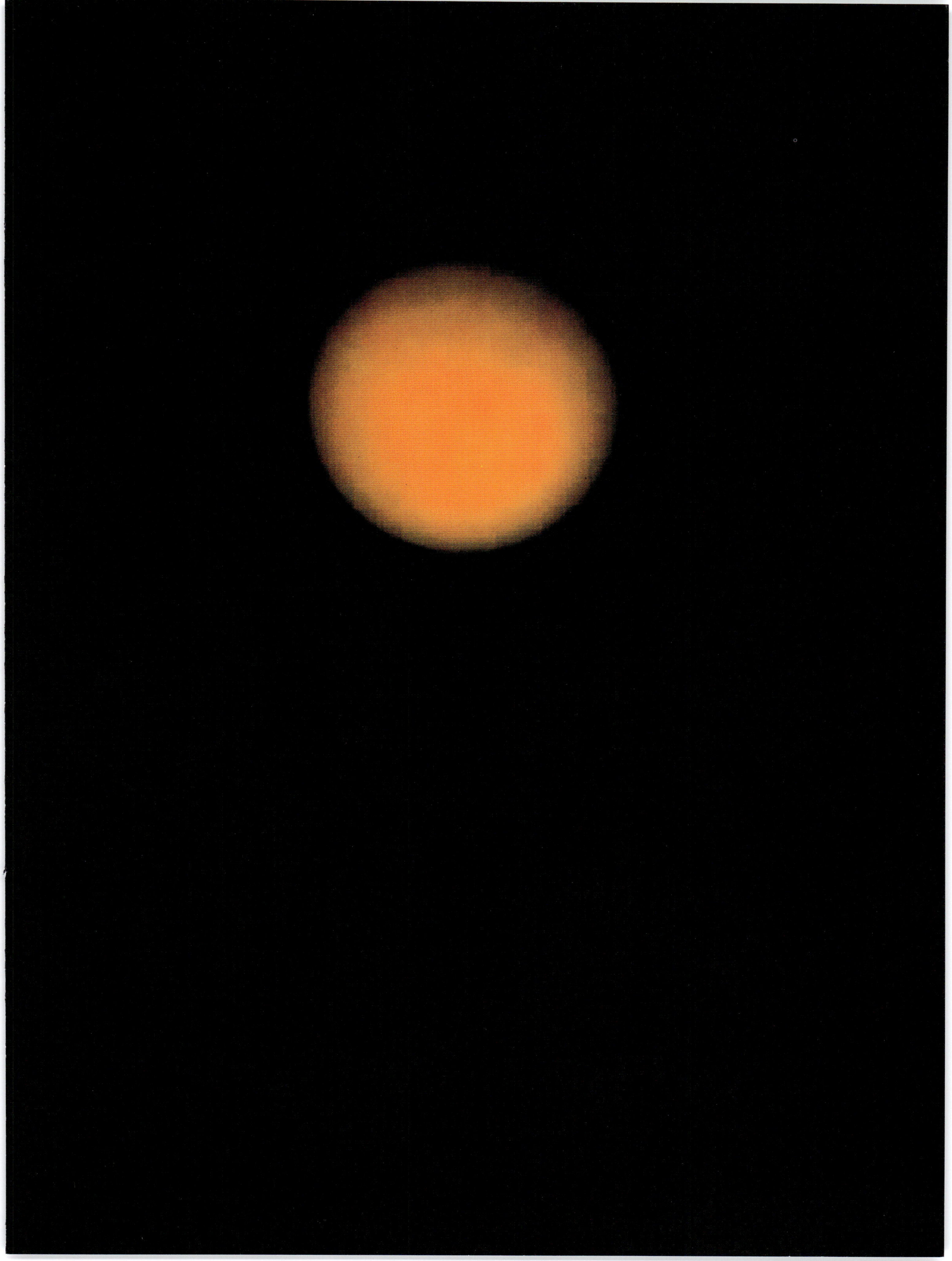

BILDTAFEL 42

NOCH EIN NARBENÜBERSÄTER MOND

Ganz anders als Iapetus oder Titan präsentiert sich Tethys, ein weiterer Saturnmond, dessen vernarbtes Antlitz an die kraterübersäte Merkuroberfläche erinnert – ein weiteres Beispiel dafür, daß die Entstehung der größeren Monde auf Umlaufbahnen um die Riesenplaneten ähnlich verlief wie die Entstehung der Planeten auf Umlaufbahnen um die Sonne. Deutlich zu sehen auf diesem von Voyager 2 aufgenommenen Bild ist oben rechts ein auffällig großer (und relativ junger) Einschlagkrater in der Nähe eines breiten Grabens, der diagonal über die eisbedeckte Mondoberfläche verläuft. Tethys (Durchmesser 1 060 km) umkreist Saturn in einer Entfernung von 294 670 km und braucht für eine Umrundung 45 Stunden.

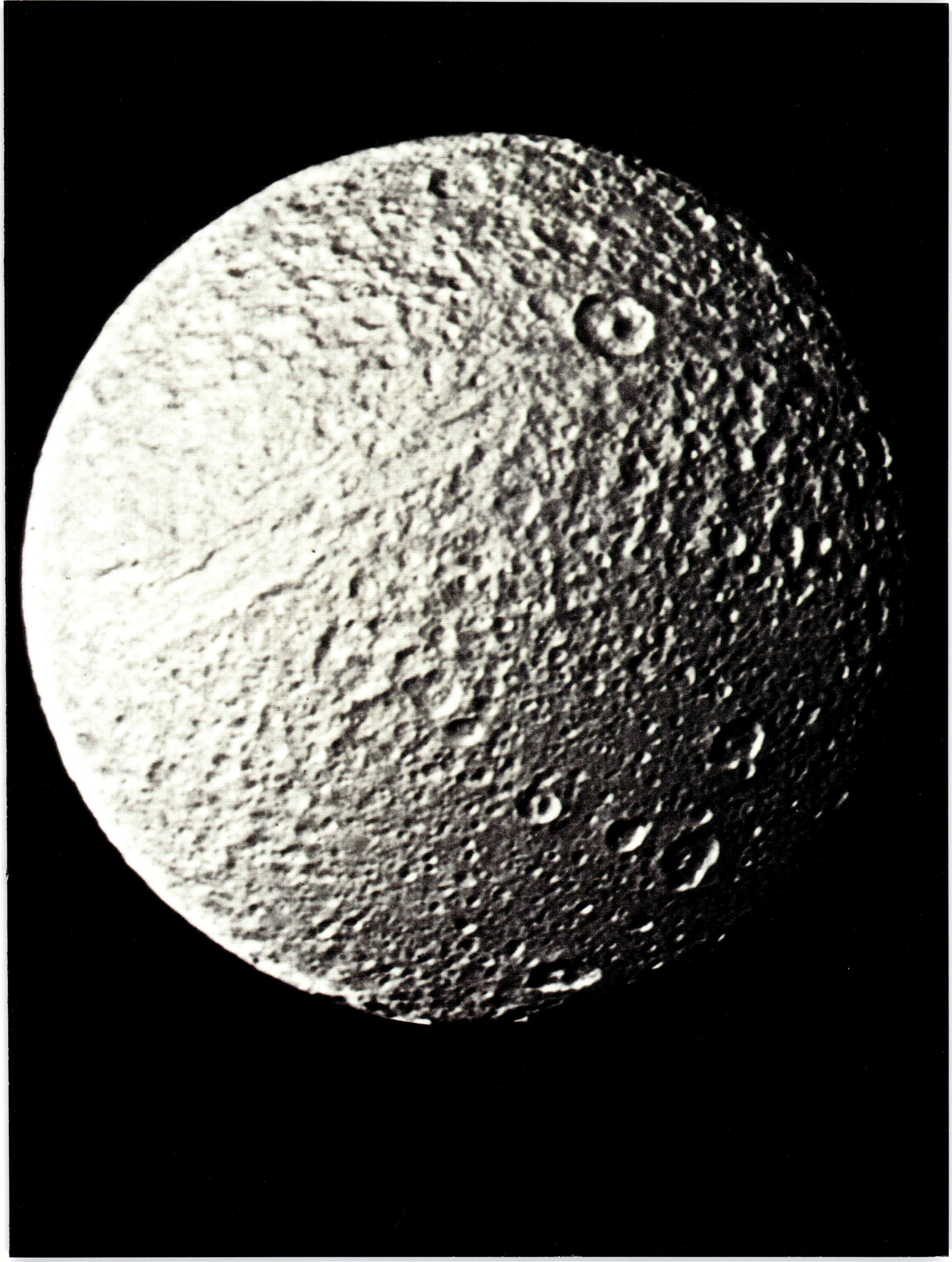

DIE SATURNWOLKEN

Während die Belichtung für Bildtafel 38 so gewählt wurde, daß Einzelheiten der Saturnringe erkennbar werden, sind die Ringe auf diesem Bild kaum zu sehen, denn es wurde so bearbeitet, daß die Farbbänder und andere Bildelemente in den Saturnwolken stärker hervortreten. Außer den farbigen Bändern sind auch Flecken zu erkennen, von denen man glaubt, daß sie den Sturmsystemen auf der Erde ähneln, aber viel größer sind. Das Foto erhebt keinerlei Anspruch darauf, Saturn in seinen echten Farben wiederzugeben: Der violette Wolkengürtel würde vom menschlichen Auge dunkelbraun gesehen. Es ist jedoch ein sensationelles Foto eines faszinierenden Planeten.

Das Bild entstand aus Daten, die am 18. Oktober 1980 von Voyager 1 mit drei verschiedenen Farbfiltern ermittelt worden waren.

SATURN: EIN FAMILIENFOTO

Dieses „Familienfoto" des Saturnsystems wurde vom Wissenschaftlerteam des Voyager-Projekts aus Aufnahmen zusammengesetzt, die Voyager 1 im November 1980 gemacht hatte. Zu erkennen sind auf dieser Fotomontage: der Mond Dione im Vordergrund, Saturn mit seinen Ringen hinter Dione, die Monde Tethys und Mimas rechts oberhalb sowie Enceladus und Rhea links unterhalb davon sowie der orangefarbene Titan ganz links nahe dem oberen Bildrand. Natürlich gibt dieses Bild – wie ein Gemälde die Sichtweise des Künstlers – nicht einfach die Wirklichkeit wieder: Man könnte das Saturnsystem in der Wirklichkeit niemals so sehen, obwohl jedes Einzelbild eine authentische Aufnahme der Raumsonde Voyager 1 ist.

URANUS: EIN FAMILIENFOTO

Im Jahre 1986 entdeckte die Raumsonde Voyager zehn bis dahin unbekannte Uranusmonde, und 1997 wurden von Astronomen auf der Erde mit Hilfe des Hale-Teleskops der Sternwarte von Mount Palomar zwei weitere kleine Monde, die auf weit entfernten Bahnen um Uranus kreisen, ausfindig gemacht. Damit stieg die Gesamtzahl der Ende 1997 bekannten Uranusmonde auf siebzehn an. Die „neuen" Monde waren bei Redaktionsschluß dieses Buches noch unbenannt. Einer von ihnen hat einen Äquatordurchmesser von 160 km, der andere von knapp 80 km; ihre Bahnen sind etwa 8 Millionen km bzw. 6 Millionen km von Uranus entfernt.

Uranus selbst ist visuell eines der langweiligsten Objekte im Sonnensystem – eine blaue Kugel, die wenig Einzelheiten erkennen läßt. Dieses Bild ist eine Fotomontage des NASA Jet Propulsion Laboratory aus zwei Aufnahmen der Raumsonde Voyager 2; die dünne Linie, die das Ringsystem darstellt, wurde von einem Künstler hinzugefügt. Das Bild gibt in etwa den Anblick des gigantischen Planeten Uranus von seinem Mond Miranda wieder, wenn er gerade dabei ist, über dessen Horizont aufzugehen.

MIRANDA: EIN MOND VOLLER RÄTSEL

Mit knapp 500 km Durchmesser ist er der kleinste und innerste der fünf größten Uranusmonde. Miranda weist eine geologisch stark gegliederte Oberfläche auf, und es sieht so aus, als ob dies darauf zurückzuführen wäre, daß der Mond durch einen gewaltigen Einschlag zertrümmert wurde und die Bruchstücke dann durch ihre eigenen Anziehungskräfte allmählich wieder zusammengetrieben wurden. Der ganze Vorgang könnte sogar mehr als einmal stattgefunden haben. Diese äußerst bewegte Geschichte bewirkte unter anderem die Entstehung des auffälligsten Details der Mondoberfläche: eines falschen Tals, das 15 km tief ist und für die ausgefranste Kante rechts unten verantwortlich zeichnet. Die Aufnahme stammt von Voyager 2.

Die seltsame Geschichte dieses Mondes hängt vielleicht mit der seltsamen Natur des Uranus-Systems insgesamt zusammen. Im Gegensatz zu den übrigen Planeten des Sonnensystems, die aufrecht auf ihren Bahnen stehend um die Sonne kreisen, hat Uranus Schlagseite: Während seines 84 Jahre dauernden Umlaufs um die Sonne ist zuerst der eine Pol, dann der andere der Sonne zugewandt. Die Monde und die Ringe ziehen auf Kreisbahnen um den Äquator des Planeten, und das führt dazu, daß das gesamte Uranussystem wie eine Zielscheibe senkrecht zu der Ebene steht, auf der alle Planeten (einschließlich Uranus) die Sonne umrunden. Es könnte sein, daß der Auslöser dieses Phänomens ein gewaltiger Zusammenstoß zwischen Uranus und einem Objekt war, das den Planeten seitlich traf und das heutige System der Uranusmonde aus den Trümmern entstehen ließ.

Weil die Monde auf Bahnen, die dieses Zielscheibenmuster bilden, im rechten Winkel zur Flugbahn von Voyager 2 verteilt sind, kam die Raumsonde bei ihrer Durchquerung des Uranussystems nur an einem einzigen der Monde ganz nahe vorbei, und es ergab sich, daß Miranda damals – im Januar 1986 – am leichtesten ins Visier zu bekommen war. Dieses Foto entstand aus den Bilddaten mehrerer Einzelbilder, die Voyager 2 bei seinem Vorüberflug an Miranda aufgenommen hatte.

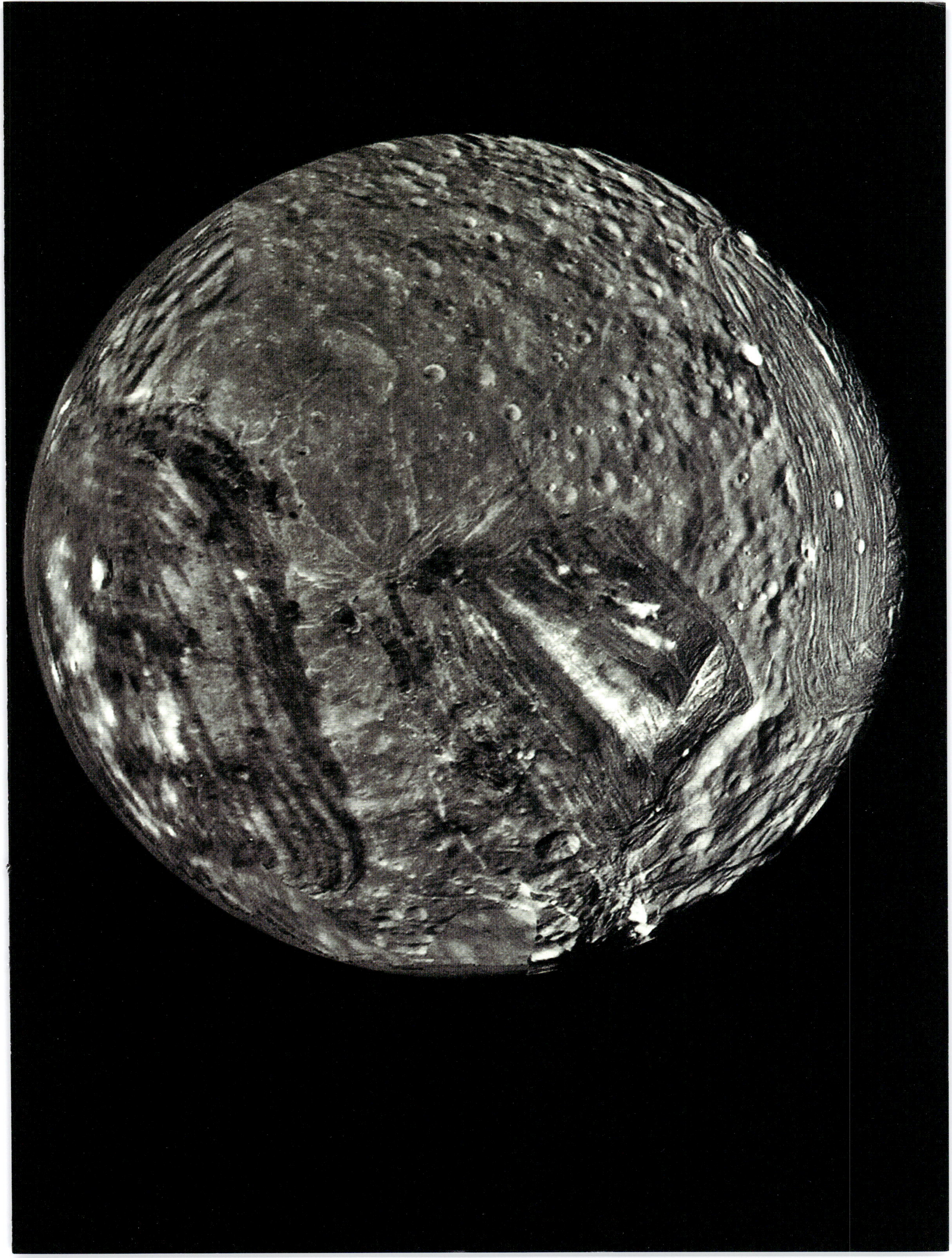

INS BLAUE: NEPTUN

Von Neptun machte Voyager 2 am 16. und 17. August 1989 eine ganze Reihe von Aufnahmen. Aus dieser Bildserie stammt das Foto rechts, das zwei auffällige Details in den Neptunwolken zeigt. Das dunkle Oval (der Große Dunkle Fleck, der auf der nachfolgenden Bildtafel 48 noch genauer gezeigt wird) brauchte während der damaligen Beobachtungszeit für eine Umrundung Neptuns 18,3 Stunden. Der zweite dunkle Fleck, der rechts oben im Bild zu erkennen ist, brauchte für eine volle Umrundung des Planeten 16,1 Stunden. Die Farben dieses Fotos sind nicht ganz wirklichkeitsgetreu, denn es handelt sich hier um eine bearbeitete Wiedergabe, die kleine Bildelemente besser sichtbar machen soll, jedoch würde Neptun auch in Wirklichkeit für menschliche Augen blau aussehen und kaum Einzelheiten erkennen lassen.

Die höheren Neptunwolken bestehen zwar aus Methan, doch über den Wolken gibt es – anders als auf Uranus – eine klare, dunstfreie Atmosphäre. Die tiefblaue Farbe kommt durch die Streuung von Sonnenlicht in der Atmosphäre zustande – also durch denselben Vorgang, der auf der Erdoberfläche den Himmel blau aussehen läßt. Der Neptuntag dauert 16 Stunden 7 Minuten. Der Planet hat nicht nur eine Familie von mindestens acht Monden, sondern auch ein Ringsystem aus fünf schwachen Ringen.

DER GROSSE DUNKLE FLECK

Diese Aufnahme eines Gebietes der Neptunoberfläche wurde von Voyager 2 aus einer Entfernung von 2,8 Millionen km gemacht und zeigt den Großen Dunklen Fleck in größerer Detailfülle. Den Fleck umgeben weiße Wolken, die sich mit ihm drehen und ihre Struktur schnell verändern. Als Voyager 2 im August 1989 Neptun beobachtete, bewegten sich all diese Wolken mit unterschiedlichen Geschwindigkeiten in west-östlicher Richtung und wurden eindeutig von starken Winden in der Atmosphäre des Planeten getrieben.

Der Große Dunkle Fleck war damals etwa 6 000 km breit und 10 000 km lang: Die Erde würde gerade hineinpassen. Er drehte sich im Gegenuhrzeigersinn, einmal in 16 Tagen, und befand sich auf Neptun in fast genau derselben geographischen Breite (20° S) wie der Große Rote Fleck (*siehe* Bildtafel 37) auf Jupiter.

Beide Große Flecken waren ähnlich geformt und standen in vergleichbarem Größenverhältnis zum Durchmesser ihres Planeten. Da die Entstehung dieser Flecken ein bisher ungelöstes Rätsel ist, weiß auch niemand, ob es sich dabei um eine bloß zufällige Duplizität der Fälle handelt oder ob sie ein tiefgründiges Wesensmerkmal in der Beschaffenheit der Riesenplaneten darstellen. Der Große Dunkle Fleck erwies sich jedoch als weniger langlebig als sein Gegenstück auf Jupiter: Beobachtungen des HST im Jahre 1994 ergaben, daß er verschwunden war.

PLUTO UND CHARON

Keine Raumsonde ist bisher zu Pluto vorgedrungen, dem entlegensten Objekt im Sonnensystem, das üblicherweise als „Planet“ bezeichnet wird. Diese Aufnahme von Pluto und seinem Mond (oder Doppelplaneten) Charon machten die Kameras des Hubble Space Telescope am 21. Februar 1995. Zu diesem Zeitpunkt stand Pluto näher bei der Sonne als Neptun: Die stark exzentrische Bahn des Doppelsystems Pluto-Charon führt nämlich dazu, daß dieses sich über längere Zeiträume hinweg innerhalb der Neptunbahn befindet, auch im Zeitraum von 1979 bis 1999. Als diese Aufnahme gemacht wurde, war Pluto nur 4,4 Milliarden km (etwa 30 AE) von der Erde entfernt, befand sich also im kleinsten Abstand von ihr, den er erreichen kann. Das Foto ist eines der ersten, die Pluto und Charon als getrennte, deutlich sichtbare Planetenscheiben zeigt. Durch die Auswertung von Bildern wie diesen konnten die Astronomen den Durchmesser Plutos (2302 km) und den Charons (1186 km) errechnen. Der Abstand zwischen den beiden beträgt lediglich 19 600 km. An der Oberfläche Plutos herrscht eine Temperatur von - 223° C.

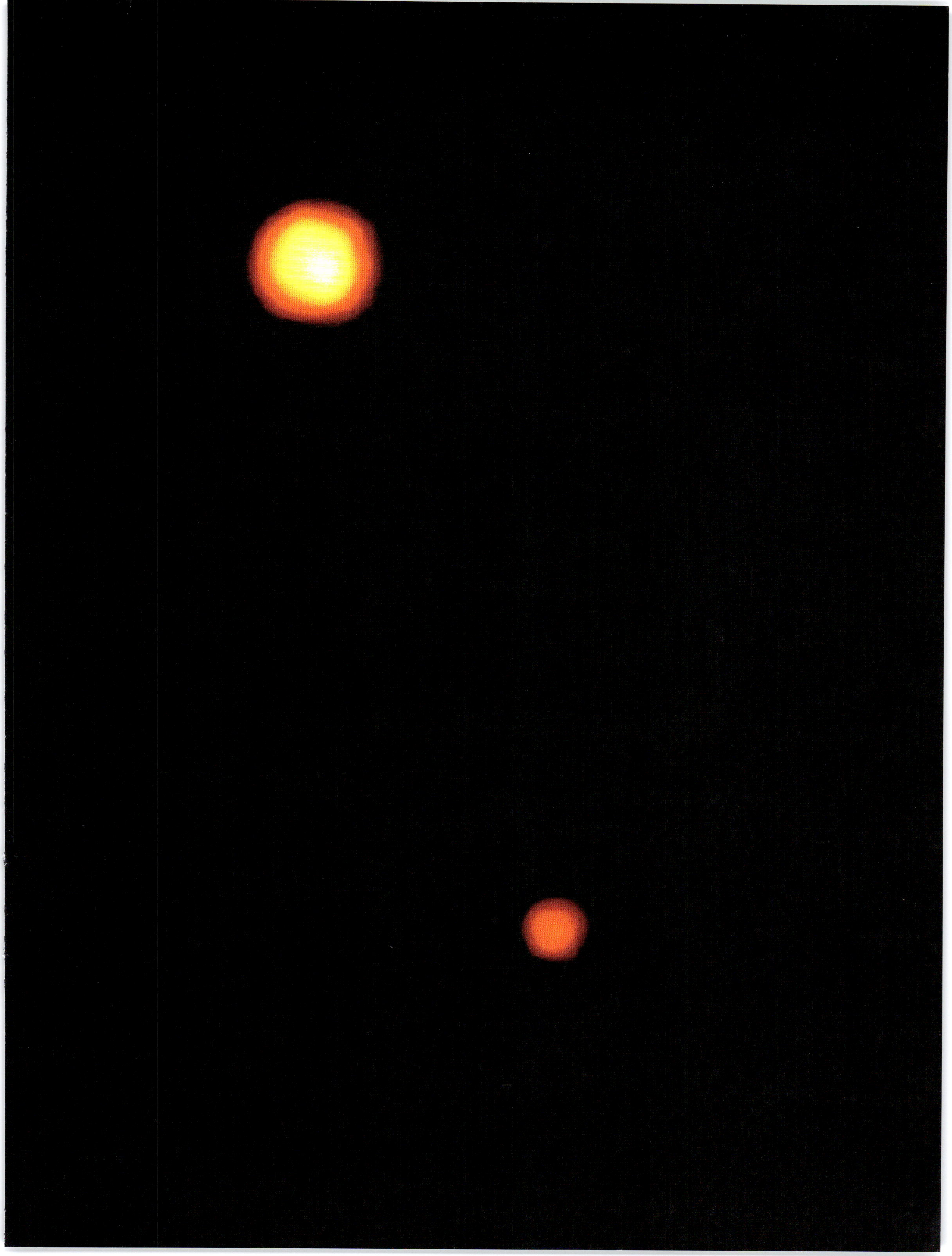

DIE KARTE PLUTOS

Pluto ist um ein Drittel kleiner als der Mond der Erde, aber 1200mal weiter entfernt. Deshalb gehören diese auf den ersten Blick recht unscheinbaren Bilder zu den sensationellsten Leistungen der beobachtenden Astronomie. Ende Juni und Anfang Juli 1994 nahm das Hubble Space Telescope (HST) eine Bildserie auf, während Pluto eine nahezu vollständige Rotationsperiode durchlief. Jedes quadratische Bildelement (Pixel) der HST-Aufnahmen deckt ein Quadrat mit der Kantenlänge von über 160 km auf einer Seite von Pluto ab, daher ist auf diesen Fotos kein Detail zu erkennen, das kleiner wäre. Durch Nachbearbeitung der Bilder mit Computern, die Verunreinigungen entfernten, erhielten die Wissenschaftler die hier wiedergegebenen Bilder: Sie stellen Landkarten der beiden Hemisphären Plutos dar (und geben somit die gesamte Oberfläche des neunten Planeten wieder).

Ungefähr ein Dutzend unterschiedlicher Hauptregionen können auf Pluto ausgemacht werden, und das bedeutet, daß dieser Planet mehr großformatige Gegensätze in seiner Oberflächengestalt aufweist als jeder andere Planet, mit Ausnahme der Erde. Einige dieser Bodenauflösungs-Elemente könnten topographische Strukturen sein, wie beispielsweise große Einschlagkrater oder Becken wie die Maria auf dem Mond. Die wohl am ehesten zutreffende Erklärung für das Muster aus hellen und dunklen Oberflächenregionen auf Pluto ist jedoch die, daß er von unterschiedlichen Arten gefrorenen Materials bedeckt ist, die das Sonnenlicht unterschiedlich stark reflektieren. Wenn das zutrifft, könnten sie nur zeitweilig vorhandene Merkmale darstellen, die mit den Jahreszeiten wandern. Die hervorstechende „nördliche Polkappe" ist nahezu sicher ein solches jahreszeitlich bedingtes Phänomen – aber da das Plutojahr (also die Periode eines Umlaufs um die Sonne) 248 Erdenjahre dauert, können sogar jahreszeitlich bedingte Merkmale über relativ lange Zeiträume hinweg bestehen bleiben.

Damit sind wir am Ende unserer Fotosafari durch das Sonnensystem angelangt (Fotos von Kometen haben wir Ihnen ja bereits auf den Bildtafeln 29 und 30 gezeigt). Doch das ist noch lange nicht das Ende der Geschichte, die von den Fortschritten der Forschung im Reich der Sonne erzählt. Sowohl die Raumsonde Cassini als auch eine ganze Reihe von Sonden, die nach dem Motto „schneller, billiger, besser" gebaut werden, werden nämlich zu Beginn des 21. Jahrhunderts weitere sensationelle Bilder von den Planeten und Monden des Sonnensystems zur Erde übermitteln.

ANHANG 1: DIE WICHTIGSTEN PLANETENSONDEN 1973-97

JAHR	MONAT	ANKUNFT BEI	EINZELHEITEN
1973	November	–	Mariner 10 gestartet
1974	März	Merkur	Mariner 10: erste Begegnung mit Merkur (zwei weitere im September 1974 und März 1975)
1975	August	–	Viking 1 gestartet
	September	–	Viking 2 gestartet
1976	Juni	Mars	Viking 1 angekommen; Landeinheit setzt am 20. Juli 1976 auf dem Mars auf
	August	Mars	Viking 2 angekommen; Landeeinheit setzt am 3. September 1976 auf dem Mars auf
1977	August	–	Voyager 2 gestartet
	September	–	Voyager 1 gestartet
1979	März	Jupiter	Voyager 1 durchquert das Jupitersystem
	Juli	Jupiter	Voyager 2 durchquert das Jupitersystem
1980	November	Saturn	Voyager 1 durchquert das Saturnsystem
1981	August	Saturn	Voyager 2 durchquert das Saturnystem
	Oktober	–	Venera 13: Kommando- u. Landeeinheit gestartet
	November	–	Venera 14:Kommando- u.Landeeinheit gestartet
1982	März	Venus	Landung der Venera-Sonden 13 and 14 (danach arbeiten sie noch 127 bzw. 57 Minuten lang)
1985	Juli	–	Giotto-Raumsonde gestartet
1986	Januar	Uranus	Voyager 2: Vorüberflug an Uranus
	März	Halleyscher Komet	Giotto begegnet dem Halleyschen Kometen
1989	Mai	–	Start der Magellan-Kommandoeinheit von der Weltraumfähre (Space Shuttle) aus
	August	Neptun	Voyager 2: Vorüberflug an Neptun
	Oktober	Jupiter	Galileo: Sonde vom Space Shuttle aus gestartet
1990	August	Venus	Magellan trifft bei der Venus ein und arbeitet bis Oktober 1994
1992	Juli	Komet	Giotto: zweite Begegnung mit einem Kometen, nämlich mit Grigg-Skjellerup
1994	Januar	Mond	Clementine gestartet; die Sonde fliegt mehrmals am Mond vorbei
1995	Dezember	Jupiter	Galileo kommt an: Sonde taucht in die Jupiter-Atmosphäre ein (Galileo ist noch in Betrieb)
		Sonne	SOHO-Sonnenbeobachtungs-Satellit gestartet (er ist immer noch in Betrieb)
1996	Februar	–	**N**ear **E**arth **A**steroid **R**endezvous (NEAR) gestartet
	November	–	Mars Global Surveyor gestartet
	Dezember	–	Mars Pathfinder gestartet
1997	Juni	Mathilde	NEAR fliegt nahe am Asteroiden Mathilde vorbei
	Juli	Mars	Mars Pathfinder landet: arbeitet 2 Monate lang
	September	Mars	Mars Global Surveyor schwenkt auf Mars-Umlaufbahn ein
	Oktober	–	Cassini-Mission zum Saturn gestartet

ANHANG 2: BLICK IN DIE ZUKUNFT

In den Jahren 1970-1878, dem „Goldenen Zeitalter" der Planetenerkundung, starteten die USA und die Sowjetunion in ihrem Wettlauf um den Vorrang im Weltall 31 erfolgreiche (und vielen weitere gescheiterte) Missionen zu anderen Planeten. Flüge zum Mond waren nicht darunter.Schwindendes Interesse an der Erforschung des Weltalls und Budgetkürzungen führten dazu, daß von 1979 bis 1988 nur neun Raumsonden mit Erfolg gestartet wurden, darunter die sechs sowjetischen Venussonden. Die neunziger Jahre brachten eine Rückkehr zu den Planeten und ein neuerwachtes Interesse an der Erkundung unseres Sonnensystems (und der jenseits seiner Grenzen liegenden Räume).

Im Ethos der Planetenerforschung hat sich jedoch etwas verändert.Es ist nicht mehr möglich, riesige Geldsummen für große Mehrzwecksonden auszugeben und jede doppelt zu bauen für den Fall, daß mit einer etwas schiefgeht. Das Motto lautet jetzt „kleiner, schneller, billiger". Eine Raumsonde der neuen Generation kostet real nur mehr einen Bruchteil dessen, was eine Sonde der siebziger Jahre kostete, und ist so konzipiert, daß sie spezielle Forschungsaufgaben so effizient und so billig wie nur möglich erledigt. Wenn eine Sonde ausfällt, ist das nicht mehr so eine Riesenkatastrophe wie früher.

Seit 1989 gab es eine „neue Welle" von Erkundungsmissionen – Magellan, Galileo und Mars Pathfinder sind die wichtigsten davon und werden im Buch behandelt. In der Zukunft wird es noch viele weitere geben: Die Starts einiger wichtiger Sonden sind schon für die nächsten Jahre (1998-2006) vorgesehen, viele weitere derzeit im Planungsstadium.

Zielpunkt für viele Missionen in der ersten Hälfte des 21. Jahrhunderts ist der Mars – von uns aus gesehen sicherlich der wirtlichste Planet. Es ist geplant, schon bald Menschen auf dem roten Planeten landen zu lassen. Fünf weitere Marssatelliten werden sich im Lauf der kommenden sieben Jahre zu Mars Global Surveyor gesellen, außerdem fünf Landeeinheiten und ein weiteres Marserkundungsfahrzeug. Sie sollen Näheres über die Vergangenheit des Planeten herausfinden, nach Spuren früheren oder derzeitigen Lebens suchen und den Weg für einen bemannte Flug zum Mars in nicht allzu ferner Zukunft bereiten.

Ein Forschungsgebiet, das in den allernächsten Jahren einen wahren Boom erleben wird, ist das der Asteroiden und Kometen. Zwei „discovery"-Sonden sollen bei Vorüberflügen an je einem Asteroiden und einem Kometen Daten sammeln, die über die Frühgeschichte des Sonnensystems Aufschluß geben, sich zu NEAR gesellen und an weiteren fünf Asteroiden und Kometen vorüberfliegen. Zusätzlich sind drei Sonden geplant, die Proben von einem Kometenkern entnehmen und zur Erde bringen sollen, sowie eine zur Beschaffung von Gesteinsproben eines Asteroiden.

Auch das übrige Sonnensystem kommt dran: Vor allem die Japaner interessieren sich sehr für den Mond als möglichen Zwischenstop für bemannte Erkundungsflüge im Sonnensystem; sie planen drei Mondsatelliten. Die ESA hat vor, eine weitere Sonde bereits im Jahre 2008 oder 2009 in eine Umlaufbahn um den sonnennächsten Planeten Merkur zu bringen. Die NASA will einen Spezialsatelliten in eine Umlaufbahn um Europa bringen, der die Dicke der Eiskruste messen und herausfinden soll, ob es auf diesem Jupitermond Wasser in flüssigem Zustand gibt. Es gibt auch Pläne für einen „Antrittsbesuch" bei Pluto und – danach – für eine Reise weiter hinaus zum Kuiper-Gürtel mit seinen Kometen.

ANHANG 3: DAS SONNENSYSTEM IM INTERNET

Seit es das World Wide Web gibt, steht für jedermann eine Quelle interessanter astronomischer Informationen zur Verfügung. Da so viele – entweder über ihren PC zuhause und am Arbeitsplatz oder durch Internet-Cafés – Zugang zum Internet haben, sind wir der Ansicht, daß eine Liste der wichtigsten Internet-Homepages hier nützlich sein kann.

NASA
http://www.nasa.gov/
Was ist dazu noch zu sagen? Von dieser NASA-Homepage aus kann man man zu allen NASA-Bereichen gelangen.

Zeittafel der Planetenerkundung (Planetary exploration timeline)
http://nssdc.gsfc.nasa.gov/planetary/chrono.html
Eine (fast vollständige) Aufstellung der Raumsonden in der Vergangenheit und in der Zukunft, mit Informationen und Bildern von vielen Erkundungsmissionen sowie Links zu den Homepages von berühmten, aktuellen und noch andauernden Missionen.

NASA Bildarchiv (NASA Photo Gallery)
http://www.nasa.gov/gallery/photo/index.html
Eine Liste der Links zu Bildarchiven innerhalb der NASA sowie der ihr angegliederten Organisationen. Wenn Sie Bilder von Planeten suchen, versuchen Sie es mit dem „Planetary Photojournal"; unter „Welcome to the Planets" finden Sie alles Wissenswerte über die einzelnen Planeten und ihre Monde.

SOHO Homepage
http://sohowww.nascom.nasa.gov/
Diese Homepage des SOHO-Satelliten hält eine Menge von Informationen über die Sonne sowie ein umfassendes Bildarchiv für Laien bereit.

Space Telescope Science Institute
http://www.stsci.edu/pubinfo/pictures.html
Hier findet man alle Bilder des HST.

European Coordinating Facility (mit Archiv)
http://ecf.hq.eso.org
Verwaltet von der ESO (Europäische Südsternwarte), findet man hier so ziemlich alles, was man an astronomischen Bildern sucht. Für die Zukunft nicht uninteressant, da die ESO schon die ersten Bilder des VLT (**V**ery **L**arge **T**elescope) veröffentlicht hat. Das VLT in Chile wird nach seiner Fertigstellung (ca. 2002) das größte erdgebundene Teleskop der Welt sein und der Erforschung des Universums in noch größerer Tiefe als bisher dienen.

REGISTER

Kursiv gedruckte Seitenzahlen verweisen auf Abbildungen.